Notion
なんでも事典

溝口 雅子
Mizoguchi Masako

技術評論社

[注 意 書 き]

- 本書に記載された内容は、情報の提供のみを目的としています。したがって、本書を用いた運用は、必ずお客様自身の責任と判断によって行ってください。これらの情報の運用の結果について、著者および技術評論社はいかなる責任も負いません。

- 本書記載の情報は、2024年11月時点での情報に基づいています。製品やサービスは改良、バージョンアップされる場合があり、本書での説明とは機能内容や画面図などが異なってしまうこともあり得ます。あらかじめご了承ください。

以上の注意事項をご承諾いただいた上で、本書をご利用願います。これらの注意事項をお読みいただかずに、お問い合わせいただいても、技術評論社は対応しかねます。あらかじめご承知おきください。

- 本書に掲載した会社名、プログラム名、システム名などは、米国およびその他の国における登録商標または商標です。本文中では™マーク、®マークは明記していません。

はじめに

こんにちは、Notionアンバサダーのまみぞうです。本書を手に取ってくださった方には、これからNotionを使ってみようという方をはじめ、すでに使っているけどさらに使いこなせるようになりたい、という方も多いのではないでしょうか。

Notionには日々多くの新機能が追加され続けています。Notionのコアとなる機能の強化に加えて、Notion AI、Notionカレンダー、SlackやGoogleとの連携と検索、など益々と便利に進化しており、Notionの可能性が広がり続けています。

そこで本書では、Notionの基本的な使い方はもちろんとして、「Notionでこんな場合はどうしたらいいの?」「もっと便利に使いこなしたい!」というご要望に応えるため、多様なシチュエーションに合わせた288個のテクニックを盛り込みました。

みなさんのやりたいことをNotionで実現できるように、少しでもサポートができれば嬉しいです。

2024年12月　まみぞう

CONTENTS

第 1 章 Notionの基本

ページの基本

001	ページとブロックとは？	018
002	ページを新規作成したい	020
003	ページを移動したい	022
004	ページを複製／削除したい	023

ブロックの基本

005	ブロックを新規作成したい	024
006	ブロックを複製／削除したい	025
007	ブロックの中で改行したい	026
008	ブロックを横並びで配置したい	027
009	複数のカラムを一気に作成したい	028
010	ブロックを入れ子にして階層化したい	030
011	ブロックタイプを変換したい	031

便利機能

012	入力を効率化したい① スラッシュコマンド	032
013	入力を効率化したい② その他コマンド	037
014	入力を効率化したい③ マークダウン	038
015	入力を効率化したい④ ショートカット	040
016	すぐに使えるテンプレートを使いたい	042
017	気になるWebページをNotionに保存したい	044

検索と置換

018	Notion内のコンテンツをすばやく探したい	045
019	検索結果の並べ替えや絞り込みをしたい	046
020	ページ内のキーワードを検索／置換したい	047
021	データベース内を検索したい	048

ページの復元

| 022 | ページを過去のバージョンに復元したい | 049 |

023 削除したページを復元したい ——————————— 051

料金プラン

024 料金プランの一覧が知りたい ——————————— 052
025 Notionのプランを変更したい ——————————— 054

第 2 章 基本コンテンツ

要素

026 ToDoリストを作成したい ——————————— 056
027 箇条書きリストを作成したい ——————————— 057
028 番号付きの箇条書きを作成したい ——————————— 058
029 箇条書きの記号を変更したい ——————————— 059
030 引用文を挿入したい ——————————— 060
031 引用文を大きく表示したい ——————————— 061
032 絵文字を入力したい ——————————— 062
033 絵文字名を指定してすばやく入力したい ——————————— 063
034 プログラミングのコードを表示したい ——————————— 064
035 数式を入力したい ——————————— 066
036 日付を入力したい ——————————— 068
037 日付や時刻の入力を効率化したい ——————————— 069
038 日付に「終了日」や「時間」を表示したい ——————————— 070
039 「○曜日」ではなく「○月○日」の表示にしたい ——————————— 071

画像と図表

040 画像や動画を埋め込みたい ——————————— 072
041 フリー素材の画像を埋め込みたい ——————————— 073
042 YouTubeの動画を埋め込みたい ——————————— 074
043 画像をトリミングしたい ——————————— 075
044 画像や動画のサイズ／配置を変えたい ——————————— 076
045 画像や動画にキャプションをつけたい ——————————— 078
046 シンプルな表を作成したい ——————————— 079
047 テーブルの基本操作を知りたい ——————————— 080
048 テーブルに見出しをつけたい ——————————— 082
049 テーブル内を部分的に強調したい ——————————— 083

050	テーブルをデータベースに変換したい	084
051	PDFファイルをNotion上でプレビューしたい	085
052	MS Officeのファイルをアップロードしたい	086

第 3 章 データベース

データベースの基本

053	データベースとは？	088
054	データベースを作成したい	090
055	インラインとフルページの違いを知りたい	091
056	フルページとインラインを変換したい	092

ビュー

057	ビューの種類と特徴を知りたい	094
058	ビューを新しく追加したい	098
059	既存のビューを変更したい	100

プロパティ

060	プロパティの種類を知りたい	101
061	プロパティを追加したい	103
062	プロパティを編集／削除したい	105
063	削除したプロパティを復元したい	106
064	タスクのステータスを管理したい	107
065	チェックボックスでステータスを完了にしたい	110
066	セレクトのタグを一括作成したい	112
067	数値の単位を「％」や「¥」にしたい	113
068	プログレスバーで進捗を可視化したい	114
069	ユーザーを1人だけ設定できるようにしたい	115
070	日付に期間や時刻をつけて管理したい	116
071	日付の表示形式を変更したい	117

入力

072	連続したセルにデータをコピーしたい	119
073	タスクを階層化して管理したい	120
074	作業順序のあるタスクを視覚的に紐づけたい	122

リンクドビュー

075 データベースを複数のビューで並列表示したい ———— 124

076 ドラッグ操作で日付を入力したい ———— 126

テンプレート

077 定型のページ構成をテンプレート化したい ———— 128

078 テンプレートを新規ページに自動で適用したい ———— 130

079 テンプレートのタイトルに自動で日付を入れたい ———— 131

080 テンプレートを繰り返しタスクとして自動作成したい ———— 132

フィルター

081 今週のタスクのみを表示したい ———— 134

082 自分や部署ごとのタスクのみを表示したい ———— 136

083 フィルターをメンバー全員に反映したい ———— 137

084 高度なフィルターを活用したい ———— 138

並べ替えとグループ化

085 アイテムの表示順を並べ替えたい ———— 140

086 アイテムをグループごとに分けて表示したい ———— 142

087 ボードビューのグループを変更したい ———— 144

088 ボードビューをさらにサブグループに分けたい ———— 146

チャート

089 チャートビューのグラフの種類を知りたい ———— 147

090 チャートの横軸と縦軸を変更したい ———— 148

091 チャートに累積やグループ化を設定したい ———— 149

092 チャートのカラーを変更したい ———— 151

093 チャートを画像で保存したい ———— 152

表示の設定

094 ビューに表示されるプロパティを追加したい ———— 153

095 見出しの列を常に表示させたい ———— 154

096 一度に表示するページ数を変更したい ———— 155

097 プロパティのテキストを1行で表示したい ———— 156

098 すべてのプロパティのデータを1行で表示したい ———— 157

099 データベース内のページの開き方を変更したい ———— 158

100 カードプレビューのサイズを大きくしたい ———— 160

プロパティの計算

101 日付や担当者が未入力のタスク数をカウントしたい —————— 161

102 すべてのタスク数をカウントしたい —————— 162

103 コストの合計値を表示したい —————— 163

104 コストの平均値や中央値を表示したい —————— 164

105 コストの最大値や最小値を表示したい —————— 165

106 タスクの日付範囲を表示したい —————— 166

第 4 章 コンテンツ間の連携

リンク

107 Webリンクを見栄えよく貼り付けたい —————— 168

108 特定のブロックにリンクさせたい —————— 169

109 文字にリンクを設定したい —————— 170

110 文章中に別ページのリンクを設置したい —————— 171

111 ブロックとして別ページのリンクを設置したい —————— 172

112 被リンクされているページを確認したい —————— 174

113 バックリンクを非表示にしたい —————— 175

同期ブロック

114 ブロックの内容を別ページでも同期したい —————— 176

115 同期ブロックを解除したい —————— 178

リレーション

116 別のデータベースとリレーションさせたい —————— 180

117 リレーションできるのを1ページだけにしたい —————— 183

118 タグを複数のデータベースで使い回したい —————— 184

ロールアップ

119 ロールアップの基本を知りたい —————— 186

120 関連するデータをそのまま呼び出したい —————— 188

121 関連タスクの担当者を表示したい —————— 189

122 関連タスクの数をカウントしたい —————— 190

123 関連タスクで未入力の項目をカウントしたい —————— 191

124 関連する費用の合計を計算したい —————— 193

125 関連タスクからプロジェクトの期間を計算したい —— 195

126 関連タスクの達成度を自動で表示したい —— 196

第 5 章 外部データとの連携

インポート

127 Evernoteなどのデータを取り込みたい —— 198

128 Excelのデータをデータベースに取り込みたい —— 200

Slack

129 外部サービスと接続する方法を知りたい —— 202

130 SlackのメッセージをNotionに保存したい —— 204

131 SlackのスレッドをNotionでプレビューしたい —— 206

132 Slack内でNotionのページをプレビューしたい —— 207

133 Notionのページの更新をSlackに通知したい —— 208

Googleサービス

134 Googleスプレッドシートを埋め込み&同期したい —— 209

135 Googleカレンダーを埋め込み&同期したい —— 210

136 Googleマップを埋め込みたい —— 212

その他サービス

137 ZoomミーティングのURLを埋め込みたい —— 213

138 BoxやDropboxのファイルをプレビューしたい —— 214

第 6 章 データベースの数式

関数の基本

139 Notion数式の基本を知りたい —— 216

日数のカウント

140 期限までの日数をカウントしたい —— 219

141 入社日からの経過年月を表示したい —— 220

142 誕生日から〇歳と表示したい ————————————— 221

143 開始から終了までの日数を表示したい ————————————— 222

144 現在までに過ぎた時間を可視化したい ————————————— 224

条件判定

145 期限までの残り日数によってアラートを出したい ————————— 226

146 期限を過ぎたら「期限超過」と表示したい ———————————— 227

147 今日のタスクに自動的にマークを付けたい ———————————— 228

148 今月誕生日の人に自動的にマークを付けたい ————————— 230

149 条件によって「合格」「がんばりましょう」と表示したい ————— 231

150 条件によってデータを色分けしたい ————————————— 232

日付の加工

151 日付から曜日を表示したい ———————————————— 233

152 日付＋曜日を1つのプロパティに表示したい ————————— 234

153 四半期(Q1〜4)を表示したい ————————————————— 235

数値の加工

154 数値を四捨五入／切り上げ／切り捨てしたい ————————— 237

155 消費税込みの数値を表示したい ————————————— 238

便利ワザ

156 チェックを入れた数から達成度を表示したい ————————— 239

157 チェックボックスでデータの表示／非表示を切り替えたい ——— 240

158 文章の文字数をカウントしたい ————————————— 241

159 センチメートルなどの単位を変換したい ——————————— 242

160 YouTubeのアドレスからサムネイルを表示したい ——————— 243

第 7 章 オートメーション

オートメーションの基本

161 オートメーションとは? ——————————————————— 246

ボタンブロック

162	ボタンブロックの作り方	248
163	メモ用のブロックを一括で作成したい	250
164	データベースに開始&終了時間を記録したい	252

データベースボタン

165	データベースボタンの作り方	254
166	投票ボタンを作成したい	256
167	承認フローを作成したい	258

DBオートメーション

168	データベースオートメーションの作り方	261
169	ステータス変更と作業時間の記録を連動したい	263
170	タスクのカテゴリーと担当者を紐づけて入力したい	266
171	タスクを追加したらSlackに通知したい	268

第 8 章 構造化とデザイン

構造化

172	階層ごとに見出しを作成したい	270
173	開閉できるトグル見出しを作成したい	271
174	開閉できるコンテンツを作成したい	272
175	区切り線を引きたい	273
176	見出しの一覧を目次として表示したい	274
177	パンくずリストを作成したい	275

ページ

178	ページの余白を減らして広くしたい	276
179	すべての文字の書体を変更したい	277
180	すべての文字の表示サイズを小さくしたい	278
181	ページにアイコンをつけたい	279
182	ページにカバー画像をつけたい	280

データベース

183 データベースにアイコンをつけたい ——————— 282
184 データベース名を非表示にしたい ——————— 283
185 プロパティのアイコンを変更したい ——————— 284
186 ビューのアイコンを変更したい ——————— 285
187 テーブルビューの縦のグリッド線を消したい ——————— 286
188 ボードビューの列に背景色をつけたい ——————— 287
189 データベース全体の文字色を変更したい ——————— 288
190 ページのプロパティ位置をカスタマイズしたい ——————— 290

強調

191 コンテンツを囲み記事にして目立たせたい ——————— 292
192 コンテンツにシンプルな枠をつけたい ——————— 294
193 文字に太字や下線を付けたい ——————— 295
194 文字に色や背景色を付けたい ——————— 296
195 ブロック全体に色や背景色を付けたい ——————— 297

高度な文字装飾

196 英字をおしゃれなフォントにしたい ——————— 298
197 文字色や背景色を自由に変えたい ——————— 300
198 文字のサイズを自由に変えたい ——————— 302
199 文字におしゃれな下線を引きたい ——————— 303
200 文字を色の枠線で囲みたい ——————— 304
201 おしゃれな区切り線を作成したい ——————— 305

第 9 章 コラボレーション用の機能

コメント

202 気になるところにコメントを残したい ——————— 308
203 もらったコメントに返信したい ——————— 310
204 コメントに絵文字でリアクションしたい ——————— 311
205 コメントを「解決」して非表示にしたい ——————— 312
206 コメントを編集／削除したい ——————— 313

207 コメントとサジェストを一覧で確認したい —————————— 314

208 解決したコメントを再表示したい —————————— 315

209 コメントの表示を最小化したい —————————— 316

更新履歴

210 他の人が更新した箇所を確認したい —————————— 317

211 変更履歴を残しながら編集したい —————————— 318

212 ページアナリティクスで閲覧数の傾向を分析したい —————— 320

メンションと通知

213 他の人にメンションで通知を送りたい —————————— 322

214 特定のページから来る通知条件を変えたい —————————— 323

215 スマホやメール通知の設定を変更したい —————————— 324

216 リマインダーで忘れないようにしたい —————————— 325

217 メンバーに対してリマインダーを設定したい —————————— 327

フォーム

218 たくさんのユーザーからアンケートを取りたい —————————— 328

第 **10** 章 ページの共有

共有と権限

219 外部ユーザーをゲストとしてページに招待したい —————————— 332

220 ユーザーに付与する権限レベルを設定したい —————————— 334

221 ワークスペースのメンバーにページを共有したい —————————— 336

222 参加したいページにアクセス要求をしたい —————————— 337

Web公開

223 ページをWebで一般公開したい —————————— 338

224 Web公開したページにアクセス期限を設定したい —————————— 340

225 Web公開したページを編集できるようにしたい —————————— 341

226 ワークスペースのドメイン（URL）を変更したい —————————— 342

第 11 章　チームスペース

ワークスペースの基本

227　ワークスペースとチームスペースの違いとは? —————— 344
228　ワークスペースにメンバーを追加／削除したい —————— 346
229　メンバーをグループとしてまとめて管理したい —————— 348
230　別のワークスペースに切り替えたい —————————— 350
231　ワークスペース名とアイコンを変更したい ——————— 351

チームスペースの基本

232　新しいチームスペースを作成したい —————————— 352
233　チームスペースにメンバーを追加／削除したい ————— 354
234　既存のチームスペースに参加／退出したい ——————— 356
235　チームスペースの名前やアイコンを変更したい ————— 357

アクセス許可と権限

236　オープンかクローズドか、アクセス許可を変更したい —— 358
237　メンバーをチームスペースオーナーに変更したい ———— 359

セキュリティ

238　チームスペースを作成できる人を制限したい ——————— 360
239　メンバーを招待できる人を制限したい ————————— 361
240　サイドバーを編集できる人を制限したい ———————— 362
241　チームスペースを保管＆非表示にしたい ———————— 363

ロック

242　ページが編集されないようにロックしたい ——————— 365
243　データベースの設定をロックしたい ————————— 366

第 12 章　ページの管理と設定

ページの管理

244　Notionの「ホーム」を便利に使いこなしたい —————— 368
245　ダッシュボードでサイドバーを整理したい ——————— 372

246 社内Wikiを作成したい —————————— 373

247 よく使うページを「お気に入り」に表示したい ———— 376

248 複数のページをタブで開いておきたい —————— 377

エクスポート

249 ページをPDFで書き出したい ——————————— 378

250 ビューの見た目のままPDF化したい ——————— 379

251 ページをテキストやCSVで書き出したい ————— 380

252 すべてのページを書き出してバックアップしたい —— 381

表示設定

253 カレンダーを「月曜始まり」で表示したい ————— 383

254 ダークモードの表示に切り替えたい —————— 384

255 使用する言語を変更したい —————————— 385

256 Notion起動時に開くページを設定したい ———— 386

第 **13** 章 Notion AI

Notion AIの基本

257 Notion AIとは? ———————————————— 388

258 Notion AIを呼び出す方法を知りたい ————— 390

ライター

259 文章やアイデアを作成する ————————— 392

260 文章の品質を向上する ——————————— 393

261 文章のフォーマットを整える ————————— 394

262 文章を日本語や英語に翻訳する ——————— 395

263 長文を要約する —————————————— 396

264 会議の文字起こしから議事録を作成する ——— 397

265 議事録からアクションアイテムを作成する ——— 398

266 箇条書きから表を作成する —————————— 399

267 長い文章を箇条書きリストに変換する ————— 400

268 フロー図を作成する ————————————— 401

自動入力

269 コンテンツを自動でカテゴリー分けする ———— 402

270 コンテンツの要約を自動で作成する ———— 403

271 レシピから材料だけを自動抽出する ———— 404

272 AI翻訳とAIカスタム自動入力で単語帳をつくる ———— 405

Q&A

273 Q&Aにページ内を要約してもらう ———— 407

274 Q&Aチャットになんでも質問する ———— 408

275 Q&Aの回答をデータベースに保存する ———— 409

276 Q&Aで新しくチャットをはじめたい ———— 410

277 Q&Aの検索範囲を指定したい ———— 411

278 Q&Aのチャット履歴を表示したい ———— 412

第14章 Notionカレンダー

Notionカレンダーの基本

279 Notionカレンダーとは? ———— 414

280 Notionカレンダーを使うには? ———— 415

281 データベースの予定をNotionカレンダーに表示したい ———— 416

282 カレンダーに予定を追加したい ———— 418

283 予定にNotionのページを紐づけたい ———— 419

表示の設定

284 カレンダーの色や表示設定を変更したい ———— 420

285 自分のタスクのみをカレンダーに表示したい ———— 422

286 海外とのやり取りのためにタイムゾーンを表示したい ———— 423

便利ワザ

287 効率的に日程を調整したい ———— 424

288 ビデオ会議を設定したい ———— 426

第 **1** 章

Notionの基本

Technique 001

ページとブロックとは？

Notionでは、さまざまな情報をページごとに管理します。また、ページ内では複数のブロックを組み合わせることで自由なコンテンツ作成が可能です。ここではページとブロックの基本について知りましょう。

ページとは？

Notion のページは、好きなコンテンツを自由に追加できる真っ白なキャンバスです。Notionには「ファイル」も「フォルダ」もなく、すべてをページという単位で管理します。メモ、ドキュメント、データベース、公開用ウェブサイト、ナレッジベース、プロジェクト管理など、自分のやりたいことのページを自由自在に作成することができます。

ページはサイドバーにまとめられている　　ページの表示エリア

ブロックとは？

Notionでは個々の情報をブロックとして管理します。ブロックを組み合わせて自分の作りたいものを自由自在に作ることが可能です。Notionのページには、テキスト以外にも画像や表などいろいろなコンテンツを入れることができますが、これらひとつひとつがブロックなのです。ページはすべてブロックの集合体になります。

ブロックの例

1章　Notionの基本［ページの基本］

Technique 002

ページを新規作成したい

Notionの基本となる「ページ」の作成方法について押さえておきましょう。ここではプライベートセクション（個人用のスペース）と、ページ内にサブページを作成する方法を解説します。

プライベートセクションに新規ページを作成する

❶サイドバーの右上ある新規ページマークをクリックする

MEMO
セクション名（チームスペースなど）の右に表示される「＋」をクリックしても作成できます。

❷ページが追加される

❸ページのタイトルや本文を入力する

ページ内にサブページを作成する

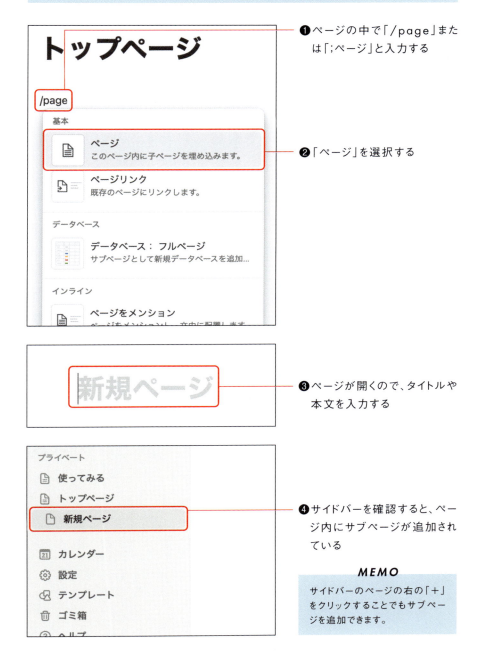

❶ページの中で「/page」または「;ページ」と入力する

❷「ページ」を選択する

❸ページが開くので、タイトルや本文を入力する

❹サイドバーを確認すると、ページ内にサブページが追加されている

MEMO
サイドバーのページの右の「＋」をクリックすることでもサブページを追加できます。

Technique 003

ページを移動したい

　作成したページは、ドラッグするだけで別のページ内に移動したり、階層を移動したりすることができます。ドラッグでかんたんに操作できるのはNotionの大きな特徴のひとつです。

別のページ内や階層に移動する

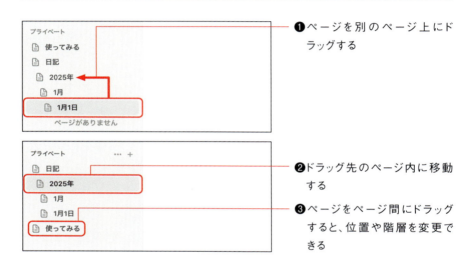

❶ページを別のページ上にドラッグする

❷ドラッグ先のページ内に移動する

❸ページをページ間にドラッグすると、位置や階層を変更できる

POINT
ページをトップ階層に移動する場合

サイドバーのページは、デフォルトで「最終更新日時」の順に並ぶように設定されています。そのため、

ページをトップ階層に移動すると「手動での並べ替えに切り替えますか？」というメッセージが表示されるので、「手動に切り替える」をクリックして設定を切り替えます。なお、この設定はプライベートセクション名の右にある「•••」→「並べ替え」から変更することができます。

Technique 004

ページを複製／削除したい

　ページをバックアップとして残したい場合や、既存のページをもとにカスタマイズしたい場合はページを複製します。また、ページを削除することも同じメニューから行えます。

ページを複製／削除する

❶ サイドバーのページの右にある「•••」をクリックする

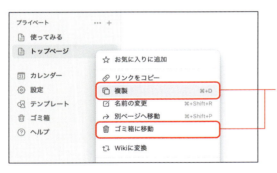

❷「複製」または「ゴミ箱に移動」をクリックする

POINT

ページ右上からも操作可能

開いているページの右上にある「•••」からも「複製」または「ゴミ箱に移動」を選択できます。

Technique 005

ブロックを新規作成したい

　基本的なブロックの操作として新規ブロックの作成手順を押さえましょう。Enterキーを押して基本のテキストブロックを作成する方法のほか、ブロックの「＋」ボタンやスラッシュコマンドから、特定の種類のブロックを作成できます。

新規ブロックを作成する3つの方法

① Enterキーで作成

ブロック内でEnterキーを押すと、新しいテキストブロックが作成される

②「＋」ボタンで作成

ブロックの左の「＋」をクリックすると下に追加、Alt（option）キーを押しながら「＋」をクリックすると上に追加される

③ スラッシュコマンドで作成

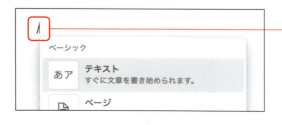

ブロック内で「/」（半角）または「;」（全角）を入力すると、ブロックの種類を選択して作成できる

Technique 006

ブロックを複製／削除したい

Notionのブロックは、[⋮⋮]から削除や複製のためのメニューを表示できます。また、便利なショートカットキーもあるのでぜひ覚えておきましょう。

ブロックを複製／削除する

❶ブロックの左の[⋮⋮]をクリックする

❷「複製」または「削除」をクリックする

POINT

ショートカットキーを使おう！

- **複製**：Ctrl(command)＋Dキー。もしくは[⋮⋮]をAlt(option)＋ドラッグ
- **削除**：Shift＋Deleteキー（Windowsのみ）。もしくはEscキーでブロックを選択後、Deleteキー

[⋮⋮]をAlt(option)＋ドラッグすると、配置したい場所に複製できる

Technique 007

ブロックの中で改行したい

ブロックの末尾でEnterキーを押すと次の行にテキストブロックが作成されます。1つのブロックの中で改行したい場合は、改行したい位置でShiftキーを押しながらEnterキーを入力します。

1つのブロック内で改行する

日本の北部に広がる北海道は、豊かな自然と美味しい食事、そして魅力的な観光地で溢れています。美瑛の絵画のような風景、富良野の美しいラベンダー畑、ニセコの世界クラスのスキーリゾートを訪れることができます。四季折々の風情を楽しむことができる大雪山や、美しい花々が咲き乱れる富良野と美瑛建作もおすすめです。

また、札幌市内では、さっぽろ雪まつりや歴史的な時計台、すすきのの夜景などを楽しむことができます。

北海道の美味しいグルメも見逃せません。新鮮な海鮮、ジンギスカン、ラーメン、そして甘いメロンなど、地元の食材を使った料理はまさに絶品です。自然、歴史、文化、食事、すべてを楽しむことができる北海道は、一生に一度は訪れるべき場所です。

❶改行したい位置でShift＋Enterキーを押す

❷Escキーを押してブロックを選択すると、1つのブロック内で改行されたことが確認できる

POINT

Enterのみを押すと別のブロックに分かれる

ブロックの途中でEnterキーを押すと、途中から別のブロックに分かれてしまいます。ブロック内改行をした場合よりも行間が少し広い見た目になります。

＋⠿ 日本の北部に広がる北海道は、豊かな自然と美味しい食事、そして魅力的な観光地で溢れています。

美瑛の絵画のような風景、富良野の美しいラベンダー畑、ニセコの世界クラスのスキーリゾートを訪れることができます。四季折々の風情を楽しむことができる大雪山や、美しい花々が咲き乱れる富良野と美瑛建作もおすすめです。

また、札幌市内では、さっぽろ雪まつりや歴史的な時計台、すすきのの夜景などを楽しむことができます。

北海道の美味しいグルメも見逃せません。新鮮な海鮮、ジンギスカン、ラーメン、そして甘いメロンなど、地元の食材を使った料理はまさに絶品です。自然、歴史、文化、食事、すべてを楽しむことができる北海道は、一生に一度は訪れるべき場所です。

Technique 008

ブロックを横並びで配置したい

　Notionのブロックはドラッグで自由に並べ替えることができます。上下の移動はもちろんですが、別のブロックの横に配置することで、複数のブロックを横並びに表示することができます。

ドラッグで列を作成する

❶ブロックの[⋮⋮]をドラッグする

❷別のブロックの横でドロップする

MEMO
移動できる箇所には薄い青色のガイドラインが表示されます。

❸列が作成され、ブロックが横並びになる

MEMO
カラムの幅を調整するには、ブロックの間に表示されるグレーの縦線をドラッグします。

Technique 009

複数のカラムを一気に作成したい

複数の列を作成したいときは、ブロックをドラッグするよりも列ブロックを作成したほうがスムーズです。「/columns」または「;列」で一度に複数の列を作成することができます。

列ブロックを作成する

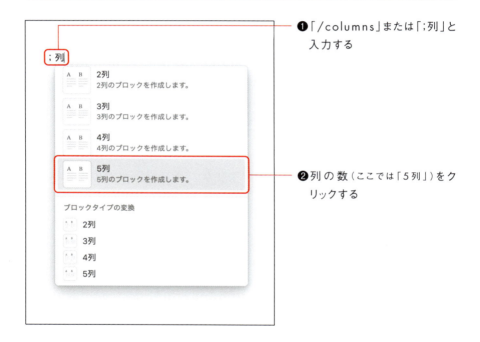

❶「/columns」または「;列」と入力する

❷列の数（ここでは「5列」）をクリックする

❸一度に複数の列が作成される

既存のブロックを列にする

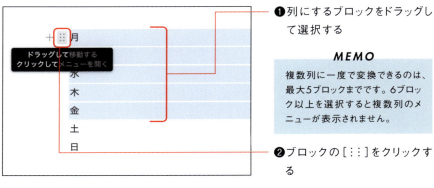

❶列にするブロックをドラッグして選択する

MEMO

複数列に一度で変換できるのは、最大5ブロックまでです。6ブロック以上を選択すると複数列のメニューが表示されません。

❷ブロックの［⋮⋮］をクリックする

❸「ブロックタイプの変換」→「複数列」をクリックする

❹ブロックが複数列で表示される

MEMO

コールアウト（→P.292）の中では、ドラッグ操作でブロックを横並びにすることができません。そのときは上記の方法を使って横並びにしましょう。

Technique 010

ブロックを入れ子にして階層化したい

ブロックの中にブロックを入れて、ブロックを階層構造にすることができます。Tabキーで下位の階層にして、Shift＋Tabキーで元の階層に戻すことができます。

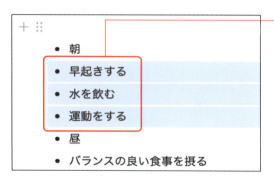

❶対象のブロックを選択もしくはカーソルを置き、Tabキーを押す

❷すぐ上のブロックの下位階層になる

❸インデントを元に戻すときはShift＋Tabキーを押す

POINT

ドラッグ操作で階層化する

ブロックの［⋮⋮］をドラッグして、右図のようにハイライトにインデントがある状態でドロップすると階層化することができます。

Technique 011

ブロックタイプを変換したい

Notionのブロックは、ページの内容や構造の変化に合わせて、あとから別の種類のブロックに変換することができます。ブロック内でスラッシュコマンドを使って、ブロックタイプの変換をすることもできます。

ブロックタイプを変換する

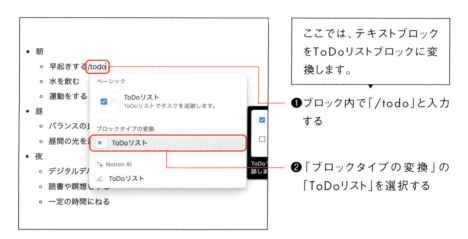

ここでは、テキストブロックをToDoリストブロックに変換します。

❶ブロック内で「/todo」と入力する

❷「ブロックタイプの変換」の「ToDoリスト」を選択する

POINT

ブロックハンドルから操作する

ブロックの左にある[::]をクリックし、「ブロックタイプの変換」から目的のブロックタイプに変換できます。この操作では、あらかじめ複数のブロックを選択することで、まとめて変換することが可能です（P.40のショートカットでも可能）。

Technique 012

入力を効率化したい①
スラッシュコマンド

「/」（半角スラッシュ）を入力するとポップアップメニューが表示されます。続けてコマンドを入力することで指定の種類のブロックを作成したり、ブロックの色を指定したりと、さまざまな時短操作が行えます。

スラッシュコマンドの入力

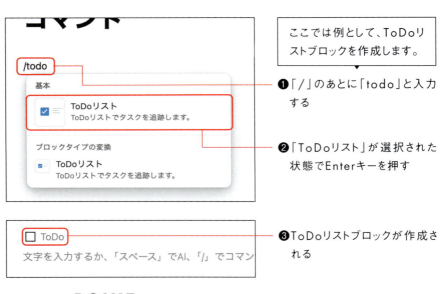

ここでは例として、ToDoリストブロックを作成します。

❶「/」のあとに「todo」と入力する

❷「ToDoリスト」が選択された状態でEnterキーを押す

❸ToDoリストブロックが作成される

POINT

「;」でもメニューを表示可能

日本語入力の場合は「;」（全角セミコロン）も使用できます。続く入力も「;箇条書きリスト」のように日本語で入力できるので、半角入力で使用するスラッシュコマンドと使い分けると便利です。

ブロック作成のスラッシュコマンド

ベーシック

ブロックの種類	/（半角スラッシュ）	;（全角セミコロン）
テキストブロック	/text /plain	;テキスト
新しいページ	/page	;ページ
ToDoリスト	/todo	;とど
見出し1	/h1 または /#	;見出し
見出し2	/h2 または /##	;見出し
見出し3	/h3 または /###	;見出し
テーブル	/table	;テーブル
箇条書きリスト	/bulleted	;箇条書きリスト
番号付きリスト	/num	;番号付きリスト
トグルリスト	/toggle	;トグルリスト
引用	/quote	;引用
区切り線	/div	;区切り線
ページリンク	/link to page	;ページリンク
コールアウト	/callout	;コールアウト

メディア／埋め込み

ブロックの種類	/（半角スラッシュ）	;（全角セミコロン）
画像	/image	;画像
Webブックマーク	/book	;ブックマーク
動画	/video	;動画
オーディオ	/audio	;オーディオ
コード	/code	;コード
ファイル	/file	;ファイル
埋め込み	/embed	;埋め込み
PDF	/pdf	;pdf

■ データベース

操作	/（半角スラッシュ）	;（全角セミコロン）
データベース関連のコマンドを一覧表示	/database	;データベース
テーブルビュー	/table view	;テーブルビュー
ボードビュー	/board	;ボード
ギャラリービュー	/gallery	;ギャラリー
リストビュー	/list view	;リストビュー
カレンダービュー	/calendar	;カレンダー
タイムラインビュー	/timeline	;タイムライン
チャートビュー	/chart	;グラフ
フォーム	/form	;フォーム
データベース:インライン	/inline	;インライン
データベース:フルページ	/full	;フル
データベースのリンクドビュー	/linked view	;リンクド

■ 応用

ブロックの種類	/（半角スラッシュ）	;（全角セミコロン）
応用のコマンドを一覧表示	/advanced	;応用
目次	/toc	;目次
式ブロック	/block equation /math	;数式
ボタン	/button	;ボタン
同期ブロック	/synced	;同期
2列/3列/4列/5列	/columns	;列
コード:Mermaid	/mermaid	;マーメイド
階層リンク	/breadcrumb	;階層
トグル見出し1	/toggle h1	;トグル見出し1
トグル見出し2	/toggle h2	;トグル見出し2
トグル見出し3	/toggle h3	;トグル見出し3

操作系のスラッシュコマンド

■■■ 文字色、背景色の変換

カラー	/（半角スラッシュ）	;（全角セミコロン）
カラー関連のコマンドを一覧表示	/color	;カラー
既定のテキスト	/default	;デフォルト
	/black	;黒
	/white	;白
灰色のテキスト	/gray	;グレー
茶色のテキスト	/brown	;ブラウン
オレンジ色のテキスト	/orange	;オレンジ
黄色のテキスト	/yellow	;黄
緑色のテキスト	/green	;緑
青色のテキスト	/blue	;青
紫色のテキスト	/purple	;紫
ピンク色のテキスト	/pink	;ピンク
赤色のテキスト	/red	;赤
背景色のコマンドを一覧表示	/back	;背景
背景色なし	/default back	;デフォルト
	/white	;白
	/black	;黒
背景色:グレー	/gray back	;グレー
背景色:ブラウン	/brown back	;ブラウン
背景色:オレンジ	/orange back	;オレンジ
背景色:黄	/yellow back	;黄
背景色:緑	/green back	;緑
背景色:青	/blue back	;青
背景色:紫	/purple back	;紫
背景色:ピンク	/pink back	;ピンク
背景色:赤	/red back	;赤

1章──Notionの基本［便利機能］

インライン

操作	/（半角スラッシュ）	;（全角セミコロン）	@コマンド
ユーザーをメンション	/mention	;メンション	@（ユーザー）
ページをメンション	/mention	;メンション	@（ページ）
日付またはリマインダー	/date /reminder	;日付 ;リマインダー	@（日付） @remind
絵文字	/emoji	;絵文字	—
インライン式	/inline equation /math	;インライン式	—

※@コマンドについては次ページ参照

アクション

操作	/（半角スラッシュ）	;（全角セミコロン）
アクション関連のコマンドを一覧表示	/action	;アクション
削除	/delete	;削除
複製	/duplicate	;複製
ブロックタイプの変換	/turn	;変換
指定の場所でページに変換	/turn into page in	;指定の
ブロックへのリンクをコピー	/copy	;コピー
別ページへ移動	/move	;移動
コメント	/comment	;コメント

AIブロック

ブロック	/（半角スラッシュ）	;（全角セミコロン）
AI関連のメニューを一覧表示	/ai	;あい
カスタムAIブロック	/custom ai block	;カスタム
要約	/summary	;サマリ　または　;要約
アクションアイテム	/action items	;アクションアイテム

Technique **013**

入力を効率化したい②
その他コマンド

　Notionにはその他にも、ユーザーや日付をメンションできる@コマンド、ページの作成やページリンクに便利な[[コマンドと+コマンドがあります。なお、文中に入力する場合は直前にスペースが必要です。

@コマンド、[[コマンド、+コマンド

内容	コマンド
ユーザーをメンションする	@（メンバー名）
ページをメンションする	@（ページ名）
日付をメンションする	@（日付）
リマインダーを追加する	@remind
ページをリンクする	[[（ページ名）
サブページを新規作成する	[[（新規サブページ名）→「サブページを新規作成」を選択
別の場所に新規ページを作成する	[[（新規ページ名）→「場所を選択してページを新規作成」を選択
サブページを新規作成する	+（新規サブページ名）→「サブページを新規作成」を選択
別の場所に新規ページを作成する	+（新規ページ名）→「場所を選択してページを新規作成」を選択
ページをリンクする	+（ページ名）

POINT

[[コマンドと、+コマンドの使い分け

[[コマンドは、メニューの最初に「ページにリンクする」オプションが表示され、+コマンドは、「ページの新規作成」オプションが表示されます。サブページを作成する場合は+コマンド、別のページにリンクする場合は[[コマンドを使うと素早く操作できます。

1章 ── Notionの基本［便利機能］

Technique 014

入力を効率化したい③
マークダウン

マークダウンとは文書を記述するための記法の1つです。記号を入力すれば特定の
ブロックに変換できるなど、マークダウンを使用することで、素早く効率的な入力が
可能になります。

マークダウンで入力する

マークダウン

###

ここでは例として、見出し3
を作成します。

❶ブロックの文頭で半角の
「###」と入力後、スペース
キーを押す

マークダウン

見出し3

❷ブロックが「見出し3」に変換
される

MEMO

全角入力でも作成でき、その場
合はスペースキーは不要です。

マークダウン記法の例

ブロックの作成

ブロックの種類	記述の方法
箇条書きリスト	半角の「-」「+」「*」のいずれかを入力後、スペースキーを押す （全角の「・」「－」「+」「*」でも作成可能）
ToDoチェックリスト	「[]」を入力後、スペースキーを押す
番号付きリスト	「1.」「a.」「i.」のいずれかを入力後、スペースキーを押す
見出し1	「# 」を入力後、スペースキーを押す
見出し2	「## 」を入力後、スペースキーを押す
見出し3	「###」を入力後、スペースキーを押す
トグルリスト	「>」を入力後、スペースキーを押す
引用	「"」を入力後、スペースキーを押す
区切り線を作成する	---（半角ハイフン3つ）

※いずれもブロックの文頭で入力

テキストの装飾

装飾	記述の方法
太字	テキストの両側に「**」を入力する（例:**bold**）
斜体	テキストの両側に「*」を入力する（例:*Italicize*）
インラインコード	テキストの両側に「`」を入力する（例:`code`）※「`」は半角入力のShift+「@」キーで入力
取り消し線	テキストの両側に「~」を入力する（例:~notion~）

> ### POINT
> **文中に入力するときの注意点**
>
> 上記の通り、マークダウンは文中のテキストを装飾することにも使えます。ただし、文中にそのまま入力しても認識されないため、一度スペースを入力してからマークダウンを入力するようにしましょう。「例:(スペース)**bold**」

Technique 015

入力を効率化したい④
ショートカット

ショートカットを使うと、コンテンツの作成や編集を素早く操作することができます。よく使うショートカットを覚えておくと、効率的にコンテンツを作成できて便利です。

画面表示の操作

操作	Windows	Mac
検索画面を開く	Ctrl+P or K	command+P or K
別ページへ移動する	Ctrl+Shift+P	command+shift+P
一つ上のページ階層に移動する	Ctrl+Shift+U	command+shift+U
データベースのサイドピーク表示で、前のページを表示する	Alt+K	option+shift+K
データベースのサイドピーク表示で、次のページを表示する	Alt+J	option+shift+J
ブロックへのリンクをコピーする	Alt+Shift+L	option+shift+L
ページのURLをコピーする	Ctrl+Alt+L	command+option+L
Notion AIを呼び出す	Ctrl+J	commadn+J

ブロックの作成と変換

操作	Windows	Mac
見出し1(大)を作成／変換する	Ctrl+Shift+1	command+option+1
見出し2(中)を作成／変換する	Ctrl+Shift+2	command+option+2
見出し3(小)を作成／変換する	Ctrl+Shift+3	command+option+3
ToDoリストを作成／変換する	Ctrl+Shift+4	command+option+4
箇条書きリストを作成／変換する	Ctrl+Shift+5	command+option+5
番号付きリストを作成／変換する	Ctrl+Shift+6	command+option+6
トグルリストを作成／変換する	Ctrl+Shift+7	command+option+7
コードブロックを作成／変換する	Ctrl+Shift+8	command+option+8
サブページを作成／変換する	Ctrl+Shift+9	command+option+9

ブロックの操作

操作	Windows	Mac
ブロックの中で改行する	Shift+Enter	shift+return
コメントを作成する	Ctrl+Shift+M	command+shift+M
ブロックを階層化する	Tab	tab
ブロックの階層を戻す	Shift+Tab	shift+tab
カーソルのあるブロックを選択する	Esc	esc
カーソルのあるブロック内を選択する	Ctrl+A	command+A
ブロック全体を選択する	Alt+Shift+クリック	command+shift+クリック
ブロックの選択範囲を上下に広げる	Shift+↑or↓	shift+↑or↓
選択したブロックを削除する	BackSpace Delete	delete
カーソルのあるブロックを削除する	Shift+Delete	—
選択したブロックを複製する	Ctrl+D	command+D
選択したブロックを編集する（複数選択可）	Ctrl+／	command+／
選択したブロックを上下に移動する	Ctrl+Shift+↑or↓	command+shift+↑or↓
トグルリストを開閉する	Ctrl+Alt+T	command+option+T
直前に使った文字色や背景色を適用する	Ctrl+Shift+H	command+shift+H
選択中の画像を全画面表示する	スペースキー	スペースキー

テキストの書式設定

操作	Windows	Mac
太字にする	Ctrl+B	command+B
斜体にする	Ctrl+I	command+I
下線を引く	Ctrl+U	command+U
取引線を引く	Ctrl+Shift+S	command+shift+S
リンクを追加する	Ctrl+K	command+K
インラインコードにする	Ctrl+E	command+E

1章——Notionの基本［便利機能］

Technique 016

すぐに使えるテンプレートを使いたい

　Notionでは、他のユーザーが作成してWebに公開しているNotionテンプレートを、自分のワークスペースに複製することができます。テンプレートを見つける方法は2種類あります。

Notionからテンプレートを探す

❶サイドバーの「テンプレート」をクリックする

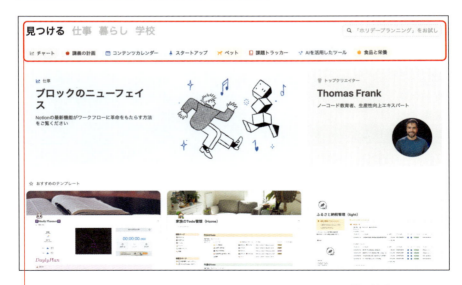

❷検索、もしくはカテゴリーを選択し、気になるテンプレートをクリックする

MEMO
テンプレートには無料と有料のものがあります。

❸テンプレート の説明ページ が表示される

❹「追加」をクリックし、保存先（ここでは「プライベートセクション」）を選ぶ

MEMO
中身を確認したい場合は「プレビュー」をクリックします。

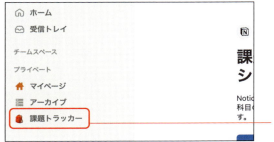

❺サイドバーに追加される

Webに公開されたテンプレートを複製する

❶Web上で「Notion テンプレート」や用途で検索し、他のユーザーがWeb上に公開しているテンプレートを探す

❷テンプレートを開いたら、画面右上の「複製」をクリックする

Technique 017

気になるWebページをNotionに保存したい

Webクリッパーを使うと、閲覧しているWebページをNotionへ保存することができます。デスクトップ環境の場合はブラウザに追加設定が必要で、Chrome版、Safari版、Firefox版が用意されています。

Webクリッパーでページを保存する

❶「https://www.notion.so/ja/web-clipper」にアクセスし、ブラウザにWebクリッパーを導入する

❷保存したいページを表示し、ブラウザのアイコンをクリックする

❸追加先を選択し、「ページを保存」をクリックする

MEMO
追加先にはデータベースを指定するのがおすすめです。

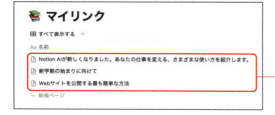

❹NotionにWebページが保存される

Technique 018

Notion内のコンテンツをすばやく探したい

検索の機能を使えば、Notion内のコンテンツを素早く見つけることができます。次ページの方法で、特定のページや作成者を絞って検索することもできます。

ワークスペース検索をする

❶サイドバーの「検索」をクリックする

MEMO
Ctrl(command)＋Pキーを押しても検索画面を開くことができます。

❷検索ウィンドウが開き、最近開いたページが表示される

❸検索するキーワードを入力する　　❹検索結果が表示される

1章 —— Notionの基本［検索と置換］

45

Technique 019

検索結果の並べ替えや絞り込みをしたい

検索結果はフィルターを使って絞り込むことができます。タイトル、作成者、チームスペース、特定のページ、作成日や最終更新日の日付で絞り込んで、探している情報を確実に見つけることができます。

検索結果をフィルタリングする

❶検索結果画面で、画面右上の「フィルターを表示」をクリックする

❷フィルターオプションを使って検索結果を絞り込む

■ フィルターオプション

並べ替え	デフォルトでは最も関連性の高い結果が表示され、別途、最終更新日、作成日による新しい順、古い順を指定できる
タイトルのみ検索	オンにすると、検索キーワードがページのタイトルと一致する場合のみ結果を表示する。ページ内のコンテンツは検索されない
作成者	特定のユーザーが作成したページに限定する
チームスペース	検索者がアクセス権を持つチームスペース内で検索結果を絞り込む
ページ内	選択したページ（複数のページ可）内のコンテンツに限定する。選択したページ内のサブページも含まれる
日付	期間内に作成・編集されたコンテンツに限定する。最終更新日、作成日を選択し、カレンダーから開始日、終了日を選択する

Technique 020

ページ内のキーワードを
検索／置換したい

Notionのページの中を対象にキーワードを検索したり、別の言葉に置換をすることができます。検索されたキーワードはハイライト表示になります。

ページ内を検索／置換する

❶Ctrl（command）＋Fキーを押し、検索したいキーワードを入力する

❷キーワードがハイライトされる

❸「置換」をクリックし、置換したいキーワードを入力する

❹「置換」もしくは「すべて置換」で置換する

MEMO
「置換」は1つずつ置換され、「すべて置換」は一括で置換されます。

1章 ── Notionの基本［検索と置換］

Technique 021

データベース内を検索したい

データベース（→3章）の検索の機能を使うと、データベース内のアイテムを検索できます。検索対象はタイトルとプロパティのみですので、データベースのページ内を検索したい場合はP.45の方法を使います。

データベースのアイテムを検索する

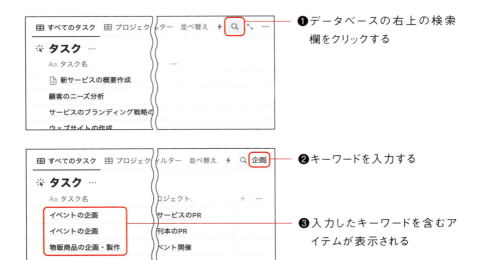

❶データベースの右上の検索欄をクリックする

❷キーワードを入力する

❸入力したキーワードを含むアイテムが表示される

POINT

データベース検索とワークスペース検索の違い

データベース検索では、ページタイトルとプロパティ値を対象に検索します。ワークスペース検索（→P.45）との違いは以下の通りです。

	データベースのプロパティ値	ページのタイトル	ページ内のコンテンツ
データベース検索	○検索する	○検索する	×検索しない
ワークスペース検索	×検索しない	○検索する	○検索する

Technique 022

ページを過去のバージョンに復元したい

　Notionのページを間違って編集してしまった、元に戻したい、という場合は、更新履歴から過去のバージョンの確認と復元をすることができます。

過去のバージョンに復元をする

❶ ページの右上の「•••」から「バージョン履歴」をクリックする

❷ 過去のバージョンを選択すると、その時点のページが表示される

MEMO

Notionの更新履歴は、ページの編集中は約10分ごと、最後のページ編集からは約2分後、に新しいバージョンが自動的に記録されます。遡れる期間は、プランによって異なり、フリープランは7日間、プラスプランとビジネスプランは30日間、エンタープライズプランは無期限です。

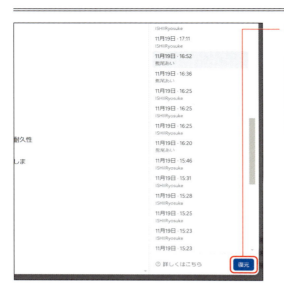

❸「復元」をクリックする

MEMO

特定のブロックのみを復元する場合は、必要なブロックをコピーして、現在のページにペーストすれば可能です。

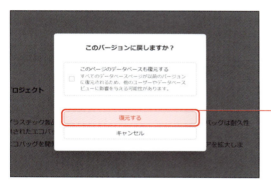

❹ 表示された画面で「復元する」をクリックする

❺ しばらくすると、選択したバージョンに復元される

POINT

更新履歴を確認しながら復元する

ページの右上の「更新履歴のサイドバーを開く」をクリックすると、そのページの更新履歴が表示されます。この画面で「この更新時のバージョンを見る」をクリックしてもページの復元ができるので、更新履歴を確認しながら復元したいバージョンを探すことができます。

Technique 023

削除したページを復元したい

削除したページはゴミ箱に移動されています。間違ってページを削除してしまって元に戻したい場合は、ゴミ箱からページを検索して復元することができます。

削除したページを元に戻す

❶ サイドバーにある「ゴミ箱」をクリックする

❷ 検索するか、フィルターを設定してページを絞り込む

MEMO
- **最終更新者**：ページの最終更新者で絞り込む
- **場所**：ページが存在した親ページで絞り込む
- **チームスペース**：ページが存在したチームスペースで絞り込む

❸ ページの「復元」をクリックすると元の位置に復元される

MEMO
ページタイトルをクリックすると、削除されたページの中身を確認できます。

POINT

ゴミ箱の中身は30日後に削除される

ゴミ箱内のページは30日間を過ぎると自動的に削除されます。ただし、エンタープライズプランをご利用の場合は、ワークスペースオーナーは1日から10年の間で削除までの期間を変更できます。

Technique 024

料金プランの一覧が知りたい

　Notion には、フリー、プラス、ビジネス、エンタープライズの4つのプランが用意されています。また、別料金になりますが、AIを活用した最新機能「Notion AI」を追加することもできます。

Notionの4つのプラン

　個人ユーザーは、無料のフリープランからはじめられます。小規模なチームで使いたいユーザーやヘビーに使いたい個人ユーザーは「プラス」プランを選ぶとよいでしょう。企業で使う場合は、「ビジネス」プランが用意されており、さらにセキュリティを重視する企業向けには「エンタープライズ」プランがあります。

　月払いと年払いがあり、年払いでまとめて払うと毎月請求よりお得な料金で使用できます。下記は年払いの場合の金額です。

https://www.notion.so/ja-jp/pricing

フリープランの制限内容

　フリープランでもページやブロックは無制限に使用できます。ただし、1つのファイルのアップロードが最大5MBまで、招待できるゲスト数が10名まで、オートメーションのベーシック機能のみ、といった制限がありますので、よりヘビーなユーザーはプラスプラン以上にアップグレードしましょう。

学生と教職員はプラスプランが無料

　Notionでは次世代のリーダーを支援するため、学生や教育関係者に「プラスプラン」（上限1名の人数制限あり）の機能を無料で提供しています。教育機関の「.ac.jp」のメールアドレスを登録すると無料で使用できます。詳しくは、「Notion for education」で検索してください。

Notion AIアドオンプラン

　Notionでは、通常のプランとは別にNotion AIのアドオンプランが提供されています。Notion AIはトライアル機能として回数制限のあるAI応答を無料で試すことができますが、アドオンプランを追加購入すると、Notion AIの機能を無制限で使用できるようになります。Notion AIはワークスペース内の全員が購入する必要があり、一部のメンバーのみに提供することはできません。

Technique 025

Notionのプランを変更したい

　Notionのアカウントを作成すると、はじめは無料のフリープランとして利用が開始されます。Notionのプランはあとからアップグレードまたはダウングレードすることができます。

プランを変更する

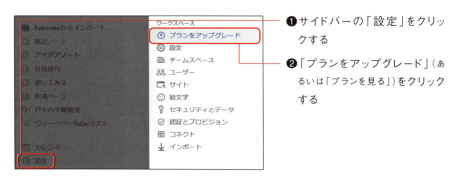

❶ サイドバーの「設定」をクリックする

❷「プランをアップグレード」（あるいは「プランを見る」）をクリックする

❸ 変更したいプランの「アップグレード」をクリックし、支払情報などを入力する

MEMO
Notion AIの「プランに追加」から、Notion AIの追加契約が行えます。

第 **2** 章

基本コンテンツ

Technique **026**

ToDoリストを作成したい

チェックボックス付きのToDoリストは、半角の[]＋「スペース」、全角の「」＋「スペース」、「/todo」または「；とど」で作成できます。チェックボックスにチェックを入れると、テキストに線が入り薄いグレー色で表示されます。

[]＋「スペース」で作成する

旅行の持ち物リスト

[]

❶文頭で半角の[]を入力し、スペースキーを押す

MEMO

全角の「」＋「スペース」、「/todo」または「;とど」でも作成できます。

旅行の持ち物リスト

☐ ToDo

❷チェックボックスが作成される

MEMO

ショートカットキーの場合、Ctrl＋Shift＋4（command＋option＋4）キーでToDoリストの作成や変換ができます。

旅行の持ち物リスト

☑ パスポート
☐ 現金（日本円）
☐ 現金（現地通貨あれば）
☐ クレジットカード（メイン）
☐ クレジットカード（予備）|
☐ スマホ
☐ スマホの充電器、ケーブル
☐ モバイルバッテリー

❸テキストを入力し、チェックを入れると、テキストに線が入り薄いグレー色で表示される

Technique 027

箇条書きリストを作成したい

シンプルな箇条書きリストは、全角の「・/ー/＋/＊」、または半角の「-/+/＊」＋「スペース」、「/bullet」「；箇条」で作成できます。情報を複数の項目として列挙して、簡潔に伝えるのに便利です。

全角の「・/ー/＋/＊」で作成する

❶文頭で全角の「・/ー/＋/＊」のいずれかを入力する

MEMO
半角の「-/+/＊」を入力してスペースキーを押しても箇条書きリストを作成できます。

❷箇条書きが作成される

MEMO
ショートカットキーの場合、Ctrl＋Shift＋5（command＋option＋5）キーで箇条書きリストの作成や変換ができます。

❸テキストを入力する

❹Tabキーを押すと階層化できる

2章 ── 基本コンテンツ［要素］

Technique 028

番号付きの箇条書きを作成したい

番号付きのリストは、半角の「1./a./i.」＋「スペース」または全角の「1。」で作成します。「/num」または「；番号」でも作成できます。情報を複数の項目として順序立てて並べ、簡潔に伝えるのに便利です。

「1./a./i.」＋「スペース」で作成する

❶ 文頭で半角の「1./a./i.」のいずれかを入力し、スペースキーを押す

MEMO
全角で「1。」と入力すると、スペースキー不要で番号付きリストを作成できます。

❷ 番号付きリストが作成される

MEMO
ショートカットキーの場合、Ctrl＋Shift＋6（command＋option＋6）キーで番号付きリストの作成や変換ができます。

❸ テキストを入力する

Technique 029

箇条書きの記号を変更したい

　リスト形式は変更できます。箇条書きリストは、ディスク（●）、サークル（○）、スクエア（■）の3種類から、番号付きリストは、数字（1,2,3）、アルファベット（a,b,c）、ローマ数字（i,ii,iii）の3種類から選択できます。

リストの形式を変更する

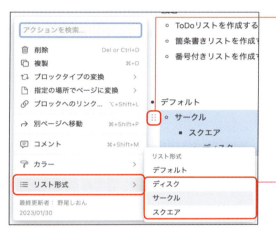

❶ [⋮⋮] → 「リスト形式」を選択する

❷ 「箇条書きリスト」の場合は、ディスク、サークル、スクエアから選択する

箇条書きリスト

- タイトル：Notionをはじめよう
- 目的：Notionでメモをとれるようになること
- 参加者：会田さん、伊藤さん、上田さん、江頭さん、
- 議題
  - ToDoリストを作成する
  - 箇条書きリストを作成する
  - 番号付きリストを作成する

- デフォルト
  - サークル
    - スクエア
      - ディスク

番号付きリスト

1. タイトル：Notionをはじめよう
2. 目的：Notionでメモをとれるようになること
3. 参加者：会田さん、伊藤さん、上田さん、江頭さ
4. 議題
   a. ToDoリストを作成する
   b. 箇条書きリストを作成する
   c. 番号付きリストを作成する

1. デフォルト
   a. アルファベット
      i. ローマ数字
         1. 数字

Technique 030

引用文を挿入したい

引用ブロックは半角の「"」+「スペース」または全角の「"」で作成できます。引用ブロックの文頭には縦の線が入力されるので、これによって引用文であることを表します。

「"」+「スペース」で引用文を入力する

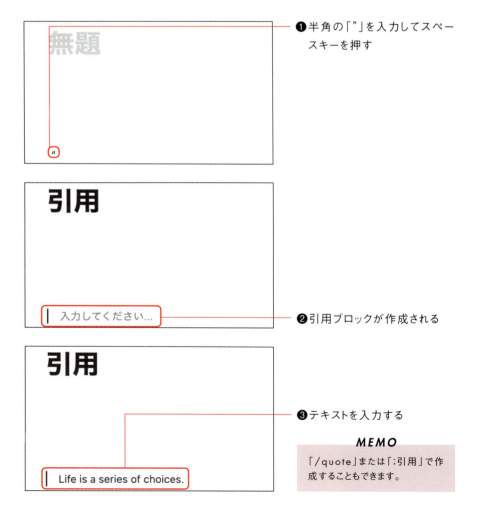

❶ 半角の「"」を入力してスペースキーを押す

❷ 引用ブロックが作成される

❸ テキストを入力する

MEMO
「/quote」または「;引用」で作成することもできます。

引用文を大きく表示したい

引用ブロックはサイズを大きく表示して、より目立たせることができます。サイズは、デフォルトと大の2種類があります。

引用サイズを大きくする

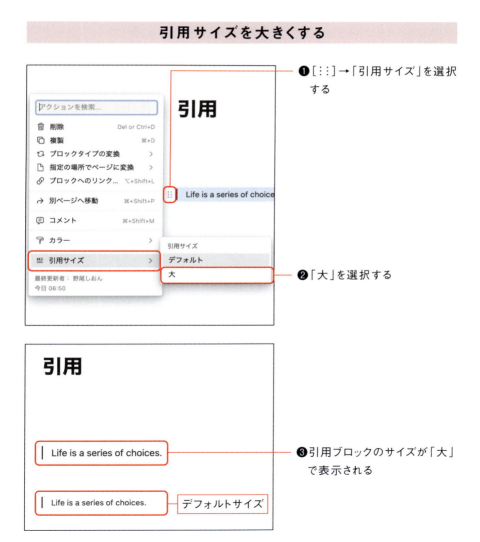

❶［∶∶］→「引用サイズ」を選択する

❷「大」を選択する

❸引用ブロックのサイズが「大」で表示される

Technique 032

絵文字を入力したい

テキストに挿入する絵文字は「/emoji」または「；絵文字」で検索できます。絵文字のリストが表示されるので、そのリストの中から選択して入力しましょう。

「/emoji」で絵文字を挿入する

❶「/emoji」と入力してEnterキーを押す

❷絵文字を選択する

❸絵文字が挿入される

MEMO

OSの機能を使って絵文字を呼び出すこともできます。WindowsはWindows+「.」キー、Macはcontrol+command+スペースキーです。

Technique 033

絵文字名を指定して
すばやく入力したい

　入力したい絵文字が決まっている場合は、半角の「:」+「絵文字名」で素早く入力することができます。例えば、「:apple」または「:りんご」と入力すると、りんごの絵文字が表示されます。

「:」+「絵文字名」で絵文字を挿入する

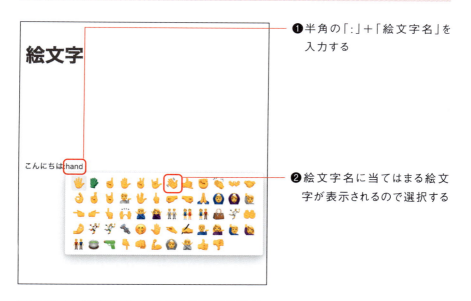

❶半角の「:」+「絵文字名」を入力する

❷絵文字名に当てはまる絵文字が表示されるので選択する

❸絵文字が表示される

Technique 034

プログラミングのコードを表示したい

　コードスニペット（コードを断片的に切り出して再利用可能にしたもの）は「/code」または「；コード」で入力します。コードブロックは多くの言語に対応していて、対応言語をかんたんに切り替えることができます。

「/code」でコードを挿入する

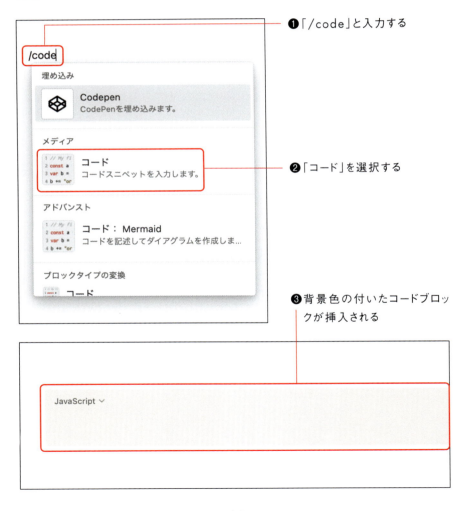

❶「/code」と入力する

❷「コード」を選択する

❸背景色の付いたコードブロックが挿入される

言語の切り替え／キャプション／右端で折り返す

言語の切り替え

左上の「言語名」をクリックして目的の言語を選択する

MEMO

シンプルにテキストを入力したい場合は「Plain Text」を選択します。

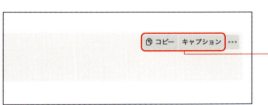

キャプションとコピー

右上のボタンから目的のものを押す

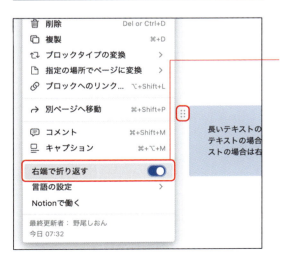

右端で折り返す

［⋮⋮］→「右端で折り返す」をオンにすると、テキストが折り返される

MEMO

デフォルトではテキストが折り返されません。1行は1行のまま表示され、ブロックに収まらない場合は横方向にスクロールできるようになります。

Technique 035

数式を入力したい

数式は「/equation」または「/math」、「；数式」で挿入します。数式の挿入方法はブロックとインラインの2種類があり、「インライン式」は文中に、「式ブロック」は独立したブロックとしてページ中央に数式を表示します。

数式をブロックとして挿入する

❶「/equation」と入力する
❷「式ブロック」を選択する
❸数式を入力しEnterキーを押す

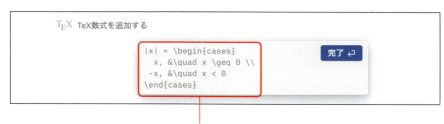

❹数式が表示される

MEMO
数式の書き方は、「https://katex.org/docs/supported」を参照してください。

数式をインラインで挿入する

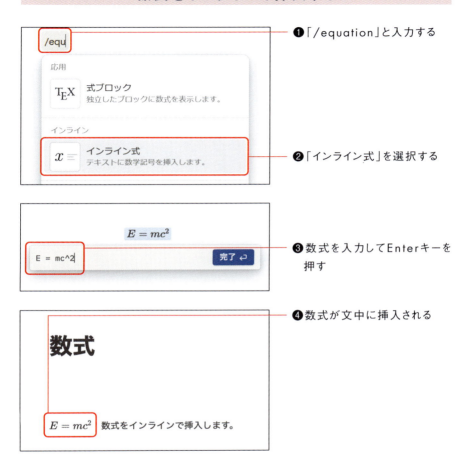

❶「/equation」と入力する

❷「インライン式」を選択する

❸ 数式を入力してEnterキーを押す

❹ 数式が文中に挿入される

POINT

テキストを数式に変換する

テキストを選択してから「式に変換」をクリックすることで、数式に変換することができます。また、テキストを選択後にCtrl（command）＋Shift＋Eキーを押しても数式に変換できます。

Technique 036

日付を入力したい

　日付の入力には「/date」または「；日付」を使うこともできますが、@コマンドで入力するのがスムーズです。「@」は半角入力、全角入力どちらでも機能します。

日付を入力する

❶ 文頭では「@」、文中では「スペース」＋「@」と入力する

❷「日付」から「今日」を選択する

❸「@日付」をクリックする

❹ カレンダーから設定したい日付をクリックする

Technique 037

日付や時刻の入力を効率化したい

　日付の入力は、「@」のあとに日付や時刻を直接入力することで効率化できます。ただし、入力方法には癖がありますので注意してください。

日付や時刻を直接入力する

年月日の入力方法

「@1/5/2025」のように入力すれば、2025年1月5日と表示される

直近の日付の入力方法

「@today」「@今日」、「@tomorrow」「@明日」、「@yesterday」「@昨日」などで入力できる。「@sunday」「@日曜」、「@next sunday」「@次の日曜日」（来週）、「@last sunday」「@前の日曜日」（先週）など曜日の入力も可能

時刻の入力方法

「@now」または「@今」で今の時刻を入力できる。また、「@22」で今日の午後10時、「@明日 9:30」で明日の午前9時30分が入力される

Technique 038

日付に「終了日」や「時間」を表示したい

日付に終了日を追加することで、期間として表示することができます。また、特定の時間を追加することも可能です。

終了日を追加する

❶「@日付」をクリックして「終了日」をオンにする

❷終了日をカレンダーから設定する

❸開始日と終了日が表示される

日付に時間を追加する

❶上記手順1の画面で「時間を含む」をオンにして、時間を入力する

❷時間が表示される

Technique 039

「○曜日」ではなく「○月○日」の表示にしたい

　日付の形式は、「@今日」や「@金曜日」といった相対表示がデフォルトになっています。設定を変更して、「2024年10月13日」や「2024/10/13」といった表示形式にすることが可能です。

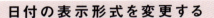

日付の表示形式を変更する

❶「@日付」をクリックする

❷「日付の形式およびタイムゾーン」→「日付の形式」を選択する

MEMO
「時刻の形式」を選択すると、12時間表示か24時間表示かを選べます。

❸リストから日付の形式を選択する

MEMO
- 完全な日付
  →例：2024年10月13日
- 月/日/年（アメリカ式）
  →例：10/13/2024
- 日/月/年（イギリス式）
  →例：13/10/2024
- 年/月/日
  →例：2024/10/13
- 相対
  →例：今日、次の日曜日、など

2章　基本コンテンツ［要素］

Technique 040

画像や動画を埋め込みたい

画像や動画の埋め込みは、ファイルをドラッグするだけで行えて直感的です。コマンドを使用する場合は「/image」や「；画像」、「/video」や「；動画」を入力します。

ドラッグして画像を埋め込む

❶PCのフォルダを開き、画像ファイルをNotionへドラッグする

❷画像がアップロードされる

> **MEMO**
> 画像のサイズや配置の変更は、P.76を参照してください。

> **POINT**
> #### アップロード可能な容量について
> フリープランの場合、アップロードできるファイルの容量は「1点につき5MBまで」に制限されます。画像や動画はファイルサイズが大きくなりがちなので、頻繁に画像や動画をアップロードする方は、容量が無制限になるプラスプラン以上にアップグレードすることをおすすめします。

Technique 041

フリー素材の画像を埋め込みたい

Notionでは無料のストックフォトサービス「Unsplash」から画像を検索して埋め込むことができます。高品質な画像がたくさん用意されているので便利に使えます。

Unsplashの画像を埋め込む

❶「/image」を入力する

❷「画像」を選択する

❸「Unsplash」をクリックする

❹キーワードで検索して、画像を選択する

MEMO
「GIPHY」をクリックすると、無料のGIFアニメーションを利用できます。

❺画像が埋め込まれる

Technique 042

YouTubeの動画を埋め込みたい

　YouTubeなどのストリーミングサービスの動画は、URLを貼り付けるだけで埋め込むことができます。「/video」または「；動画」で動画ファイルをアップロードすることも可能です。

YouTube動画を埋め込みたい

❶YouTubeで動画ページを開き、URLをコピーする

❷動画のリンクを貼り付ける

❸「動画を埋め込む」を選択する

❹動画が埋め込まれる

MEMO
動画のサイズや配置の変更は、P.76を参照してください。

Technique 043

画像をトリミングしたい

Notionに埋め込んだ画像はトリミングすることができます。トリミングの縦横比を選択できるほか、トリミングした範囲を復元することも可能です。

画像を部分的に切り取る

❶画像の右上にある「画像をトリミング」をクリックする

MEMO
左上のアイコンをクリックすると、トリミングする際の縦横比などを選択できます。

❷ハンドルをドラッグして、表示したい範囲を決める

❸「保存」をクリックする

MEMO
トリミングした部分は削除されないため、再度トリミング画面から復元できます。

Technique 044

画像や動画のサイズ／配置を変えたい

　画像や埋め込みコンテンツはサイズを調整したり、左揃えや右揃えといった配置を変更したりすることができます。ここでは例として、画像のサイズや配置を変更する方法を解説します。

画像のサイズを変更する

❶画像にカーソルを合わせ、黒色の線を左右にドラッグする

❷好みのサイズに変更したら、ドロップする

画像の配置を左右に変更する

❶画像の右上にある「配置」をクリックする

> **MEMO**
> 画像サイズを変更していないと「配置」ボタンは表示されません。

❷左寄せのボタンを選択する

❸画像が左寄せで表示される

Technique 045

画像や動画にキャプションを つけたい

Notionに埋め込んだ画像や動画には、キャプションとして説明文をつけることができます。キャプションはグレーで表示され、代替テキストを追加することも可能です。

画像にキャプションをつける

❶画像の右上にある「キャプション」をクリックする

❷キャプションを入力する

POINT
画像に代替テキストを追加する

画像の場合、画像を右クリック→「代替テキスト」を選択すると、目の不自由な方に役立つ代替テキストを入力できます。

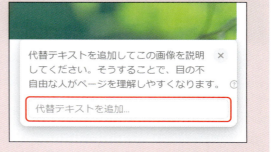

Technique 046

シンプルな表を作成したい

　シンプルな表形式のコンテンツは、「/table」または「；テーブル」で作成します。作成した表は、あとからデータベースのテーブルビューに変換することもできます（→P.84）。

テーブルを作成する

❶「/table」と入力する

❷「テーブル」を選択する

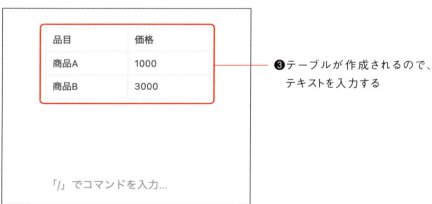

❸テーブルが作成されるので、テキストを入力する

Technique 047

テーブルの基本操作を知りたい

　テーブルはクリックやドラッグで行列を追加できるなどシンプルに操作できます。テーブルの幅をページの幅に合わせることもできます。

行列を追加／削除／移動する

行列の追加

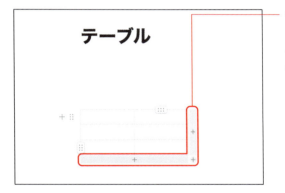

テーブルにカーソルを合わせると「＋」（右／下／右下）が表示されるので、クリックで1列追加、ドラッグで複数列を追加する

行列の挿入／削除

行列の［⋮］をクリックし、「上に挿入」「下に挿入」で挿入、「削除」で削除ができる

行列の移動

行列の[::]をドラッグすると移動できる

列の幅を変更する

ページ幅に合わせる

テーブルの右上の「←→」をクリックすると、テーブルがページの幅に広がる

MEMO
行の高さは変更することができません。

ドラッグで調整する

列の上にカーソルを合わせ、薄い青色の縦線を左右にドラッグして調整する

MEMO
青色の縦線をダブルクリックすると、文字の長さに合わせて自動調整されます。

Technique 048

テーブルに見出しをつけたい

　テーブルに行見出しと列見出しを設定すると、セルに背景色がついて見やすくなります。行見出しと列見出しの設定は個別に行うことができます。

行見出しと列見出しを追加する

❶ テーブルの右上の「オプション」をクリックする

❷ 「行見出し」と「列見出し」をオンにする

❸ 列と行の見出しが薄いグレー色で表示される

MEMO
背景色は次ページの方法で変更することができます。

Technique 049

テーブル内を部分的に強調したい

　テーブルの列や行には、文字色または背景色をつけることができます。特定の項目を目立たせたいときに便利です。

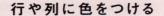

行や列に色をつける

❶ 行や列の[∷]をクリックする

❷「カラー」から文字色または背景色を選択する

❸ 色が変更される

MEMO
文字色と背景色は同時に設定することはできません。

Technique 050

テーブルをデータベースに変換したい

作成したテーブルをデータベースに変換すると、部署名をセレクトプロパティにしたり、入社日を日付プロパティにしたりと効率的なデータ管理が可能になります。

テーブルをデータベースに変換する

❶ テーブルの「オプション」から「列見出し」をオンにする

MEMO
列見出しにした部分はデータベースのプロパティに変換されます。

❷ [⋮⋮] →「データベースに変換」を選択する

❸ データベースに変換される

Technique 051

PDFファイルをNotion上で プレビューしたい

　PDFファイルをNotion上に埋め込むことで、ファイルの内容をプレビュー表示することができます。ファイルをクリックして開くことなく、一目で内容を確認できるので便利です。

PDFファイルを「/pdf」で埋め込む

❶「/pdf」と入力し、「PDF」を選択する

MEMO

PDFファイルをドラッグでアップロードするとファイル名で表示されるだけです。プレビューを表示したい場合は「/pdf」コマンドで埋め込む必要があります。

❷「アップロード」→「ファイルを選択」をクリックし、目的のPDFファイルを選ぶ

❸上下にスクロールができる状態で、PDFファイルが埋め込まれる

Technique 052

MS Officeのファイルを
アップロードしたい

　Notionにはさまざまな形式のファイルをアップロードでき、Microsoft OfficeのExcelやWord、PowerPointもその一つです。ただしプレビュー表示はできません。ファイルをクリックするとダウンロードがはじまります。

Excelファイルをアップロードする

❶PCにあるファイルをNotion上にドラッグする

❷ファイルがアップロードされる。クリックするとダウンロードがはじまる

MEMO
有料プランの場合は容量無制限、フリープランの場合は5MBまでのファイルをアップロードできます。

第 **3** 章

データベース

Technique 053

データベースとは？

Notionのデータベースは、たくさんの情報をもったページを規則正しく整理して保存するキャビネットのようなものです。ここではNotionのデータベースの特徴を3つ解説します。

特徴① データベースの「アイテム」＝「ページ」

データベースはページの集合体です。作成されたアイテムはすべてページとして開くことができます。一枚一枚のページが規則正しく並んだものがデータベースといえます。

データベースのアイテムを開くとページが開く

特徴②　ページにはプロパティが付加される

　データベースのページは通常のページとは違い、プロパティが付加されます。プロパティに入力した情報によって、絞り込み、並べ替えなどの便利な操作が可能となります。

特徴③　表示形式をビューで切り替え可能

　データベースには「ビュー」という表示形式を複数設定できます。同じデータベースをもとに7種類のビューに切り替えて表示することが可能です。

Technique 054

データベースを作成したい

新しいデータベースを作成するには、ページで「/database」または「；データベース」と入力します。ここでは、基本のテーブルビューのデータベースを作成します。

新規データベースを作成する

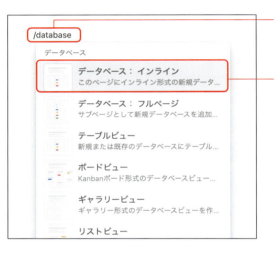

❶「/database」または「；データベース」と入力する

❷「データベース：インライン」を選択する（インラインとフルページの違いは次ページ参照）

❸ テーブルビューのデータベースが作成される

❹ データベース名を入力する

MEMO
インラインデータベースの場合、データベース名はP.283の方法で非表示にできます。

Technique 055

インラインとフルページの違いを知りたい

　Notionのデータベースには、「インライン」と「フルページ」という2種類の形式があります。「/database」で表示された項目から選んで作成するか、「/full」「/inline」コマンドで作成できます。

インラインとフルページの違い

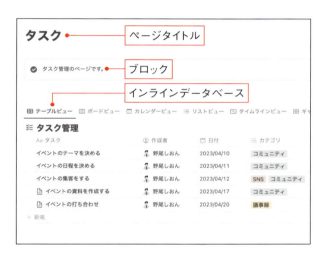

インラインデータベース

　最初に読み込まれるページ数に制限がありますが、1つのページ内に別のブロックと並べて表示できる利点があります。データベース右上の「⤢」アイコンをクリックしてフルページで開くこともできます。

フルページデータベース

　1つのデータベースを1つのページとして表示します。大規模なデータベース向きで、リンクドビュー（→P.124）を併用してフィルタリングしたデータのみをインラインで表示するといった使い分けをすると便利です。

Technique 056

フルページとインラインを変換したい

データベースのフルページとインラインはあとから変換することができます。いずれもブロックハンドルから操作できますが、フルページデータベースが最上位階層に配置されている場合は注意が必要です。

インラインからフルページに変換する

❶データベースの左上の［⋮⋮］をクリックする

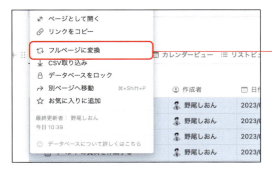

❷「フルページに変換」をクリックする

❸サブページとして表示される。クリックするとフルページデータベースを表示できる

フルページからインラインに変換する

❶ フルページデータベースを1階層上のページで表示し、サブページとして表示する。[⋮⋮]をクリックする

MEMO
フルページのデータベースが最上位階層にある場合は、新しいページを作成し、そのページ内に移動させてから操作します。

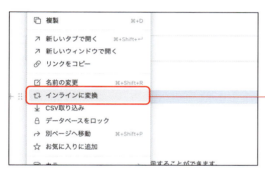

❷「インラインに変換」をクリックする

❸ インラインデータベースに変換される

Technique **057**

ビューの種類と特徴を知りたい

Notionのデータベースは、まったく同じデータベースをもとにして複数の表示形式（ビュー）を切り替えることができます。データベースの用途ごとに最も適した方法で情報を表示しましょう。

ビューの種類と特徴

テーブルビュー

テーブルビューはデータベースを表示する最も一般的な方法です。データベース内のアイテムそれぞれが行として、各プロパティが列として表示されます。

ボードビュー

ボードビューはアイテムを指定したプロパティでグループ化して表示します。タスク管理などでプロセスのステータスを管理するのに最適なカンバンボードです。

タイムラインビュー

タイムラインビューは、データベースの時間をタイムライン上にプロットして、「プロジェクトがいつ行われ、完了までにどのくらいの時間がかかるか」を可視化します。プロジェクトの計画に最適なレイアウトです。

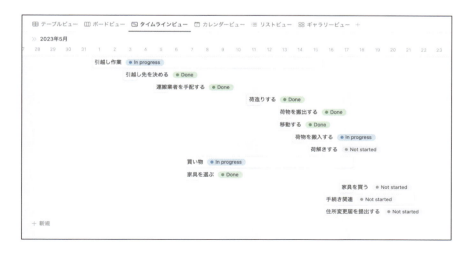

カレンダービュー

カレンダービューは「日付」形式のプロパティに基づいてアイテムを表示します。カレンダーの表示形式は月間と週間の2種類から選択できます。

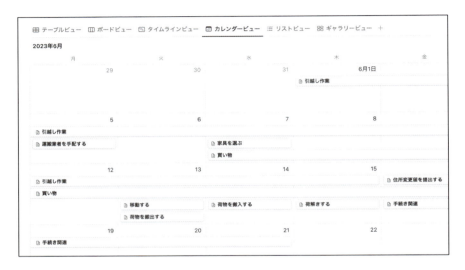

リストビュー

リストビューは、アイテムをミニマルな一覧形式で表示します。ブックマークやメモに最適な、シンプルなページ一覧です。

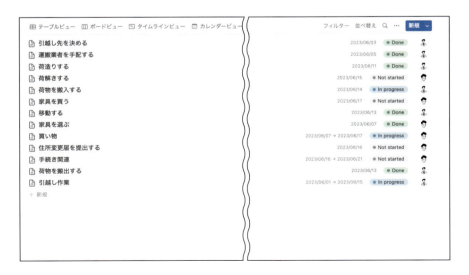

ギャラリービュー

ギャラリービューは画像の表示に適したレイアウトです。ページカバー画像、ページコンテンツ、「ファイル＆メディア」プロパティに含まれる画像、のいずれかを選択して表示できます。

チャートビュー

チャートビューは、データベースの情報を可視化するのに役立つ強力な機能です。縦棒グラフ、横棒グラフ、線グラフ、ドーナツグラフが選択できます。

> **MEMO**
> フリープランでは、チャートビューを1つのみ無料で試すことができます。

Technique 058

ビューを新しく追加したい

1つのデータベースに対して、複数のビューを追加することができます。用途に応じて複数のビューを作成しておけば、コンテンツの整理や分類がかんたんにできます。

ビューを追加する

❶ビュー名の右にある「+」をクリックする

❷「空のビュー」を選択する

MEMO
空のビューから作成するとオプション設定画面が表示されます。設定が不要な場合は、作成したいビューをクリックします。

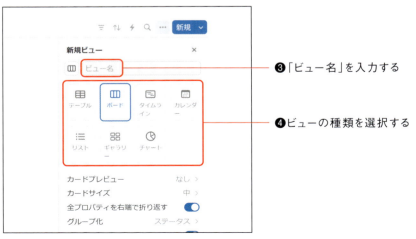

❸「ビュー名」を入力する

❹ビューの種類を選択する

❺オプションを設定する

MEMO

オプションの項目はビューによって異なります。

❻「完了」をクリックする

❼ビューが追加される

POINT

ビューの便利な使い方

ここでは既存のビューとは違うビューを新たに追加しました。ただし、ビューの使い道はそれだけではありません。例えば、1つのデータベースで必要な情報だけを表示したい場合、フィルター（→P.134）をかけたビューを別途用意すれば、「全体が表示されるビュー」と「必要な情報だけが表示されたビュー」をすぐに切り替えることができます。

Technique 059

既存のビューを変更したい

データベースのビューは、いつでも変更することができます。どのような表示レイアウトが最適かは用途によって変わるので、さまざまなビューを試してみましょう。

ビューのレイアウトを変更する

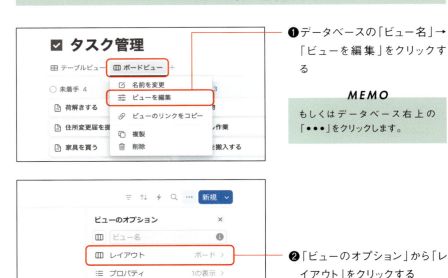

❶データベースの「ビュー名」→「ビューを編集」をクリックする

MEMO
もしくはデータベース右上の「●●●」をクリックします。

❷「ビューのオプション」から「レイアウト」をクリックする

❸レイアウトの種類を選択する

Technique **060**

プロパティの種類を知りたい

　プロパティとは、データベース内のページに付与される特定の情報です。プロパティの種類には、テキスト、数値、ステータス、日付、ユーザーなどがあり必要なものを選択できます。

基本のプロパティ

種類

≡ テキスト

\# 数値

▼ セレクト

≔ マルチセレクト

✳ ステータス

🖳 日付

👥 ユーザー

📎 ファイル&メディア

☑ チェックボックス

🔗 URL

@ メール

📞 電話

Σ 数式

↗ リレーション

プロパティの種類は、テキスト、数値、ステータス、日付、ユーザーなどから選択できます。

プロパティ名	説明
タイトル	アイテム、つまりそのデータベースページのタイトル（必須プロパティ）
テキスト	メモ、説明、コメントなどに使える基本的なテキスト入力欄
数値	通貨やパーセンテージなどの数値形式、価格入力などに便利
セレクト	タグのドロップダウンメニューで、一度に1つ選択できる
マルチセレクト	タグのドロップダウンメニューで、一度に複数選択できる
ステータス	ステータスごとにグループ化されたタグのドロップダウンメニュー（未着手、進行中、完了など）

日付	日付や期間を入力できる。タイムスタンプに使えるほか、リマインダーの設定も可能
ユーザー	自分や他のユーザーをメンションできる
ファイル&メディア	ファイルをアップロードできる
チェックボックス	完了したか否かを示すシンプルなチェックボックス
URL	関連するウェブサイトへのリンクを入力できる
メール	メールアドレスを入力できる
電話	電話番号を入力できる
数式	他のプロパティをもとに計算を実行できる
リレーション	他のデータベースと関連付けて、そのアイテムをプロパティとして表示できる
ロールアップ	リレーションで関連付けたデータベースのプロパティに基づいて計算を実行できる
作成日時	アイテムが作成された日時のタイムスタンプが自動的に表示される
作成者	アイテムを作成したユーザーが自動的に表示される
最終更新日時	アイテムを最後に編集した日時のタイムスタンプが自動的に表示される
最終更新者	アイテムを最後に編集したユーザーが自動的に表示される
ボタン	ワンクリックで特定のアクションを自動化できるデータベースボタンを作成できる(→P.247)
ID	アイテムごとに、重複しない一意の数値を自動作成する

Notion AI系のプロパティ

プロパティ名	説明
AI要約	アイテム内に記載された情報を自動的に要約する
AIカスタム自動入力	自分で指示文(プロンプト)を設定することで、AIが生成する内容を指定できる
AI翻訳	言語を指定することで、別のプロパティの内容を翻訳できる
AIキーワード	アイテム内のコンテンツに応じた自動カテゴリー分けや、キーワードの抽出ができる。マルチセレクトに「AI自動入力」機能(→P.402)が付加される形で作成される

※AI系のプロパティの活用例は、P.402〜406で紹介しています。

Technique 061

プロパティを追加したい

データベースにプロパティを追加する方法はいくつかありますが、ここではよく使う追加方法として、テーブルビューから追加する方法と、データベースのページから追加する方法を紹介します。

テーブルビューでプロパティを追加する

❶プロパティの右の「＋」をクリックする

❷プロパティの種類を選択する

❸プロパティ名を入力する

MEMO
プロパティの種類によってオプションが表示されます。プロパティのアイコンも変更可能です（→P.284）。

❹「×」をクリックして閉じる

❺プロパティが追加された

データベースのページ内でプロパティを追加する

❶データベースのページを開き、「プロパティを追加する」をクリックする

❷前ページと同じ流れでプロパティを設定する

Technique 062

プロパティを編集／削除したい

プロパティはあとから編集することができます。プロパティごとにさまざまな設定があり、何度も編集することがあるため必ず編集方法を押さえておきましょう。

既存のプロパティを編集／削除する

❶データベース右上の「•••」→「プロパティ」をクリックする

MEMO
テーブルビューの場合はプロパティ名をクリックし、「プロパティを編集」からでも行えます。

❷編集したいプロパティを選択する

❸適宜、プロパティを編集する

MEMO
「プロパティを削除」をクリックすると削除できます。

Technique 063

削除したプロパティを復元したい

チームで使っていると、「うっかり間違ってプロパティを削除してしまった！」ということも起こりますが心配ありません。削除されたプロパティは元に戻すことができます。

削除したプロパティを復元する

❶ データベースの右上の「•••」をクリックする

❷「プロパティ」をクリックする

❸「削除されたプロパティ」をクリックする

❹ プロパティの横の矢印をクリックすると復元される

Technique 064

タスクのステータスを管理したい

　タスクの進捗状況を管理するには、データベースの「ステータス」プロパティを使うと便利です。ステータスはグループ化されており、未着手、進行中、完了の3つのグループでステータスを管理できます。

ステータスプロパティとは？

仕組み

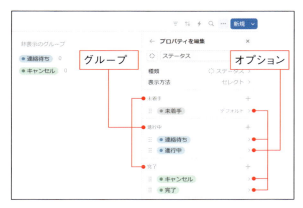

　ステータスプロパティには「未着手」、「進行中」、「完了」の3つのグループがあり、そのグループ内で複数のオプションを作成できます。初期設定で、グループ名と同名のオプションが1つずつ作成されています。

使い道

　ステータスプロパティは、グループごとに表示するボードビューでの使用に向いています。また、テーブルビューでタスクのステータス管理に使用してもよいでしょう。

新規オプションの追加と並べ替え

❶ P.103の方法でステータスプロパティを追加する

❷ オプションを追加するには「＋」をクリックする

❸ オプション名を入力し、Enterキーを押す

❹ オプションが追加される

❺ [⁞⁞]をドラッグすると、オプションの順序を並べ替えたり、別のグループに移動したりできる

オプションの名前やカラーを変更する

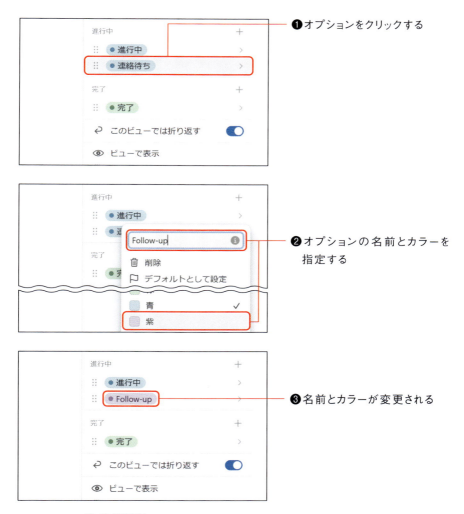

❶オプションをクリックする

❷オプションの名前とカラーを指定する

❸名前とカラーが変更される

POINT

「デフォルト」のオプションを指定する

データベースで新しくページを作成すると、プロパティ編集画面で「デフォルト」と表示されているオプションが設定されます。デフォルトのオプションは手順2の画面で「デフォルトとして設定」をクリックすると指定できます。

Technique 065

チェックボックスで
ステータスを完了にしたい

ステータスプロパティの表示方法は、デフォルトの「セレクト」のほか、「チェックボックス」から選択できます。チェックボックスにチェックがない場合は未完了、ある場合は完了になります。

ステータスをチェックボックスに変更する

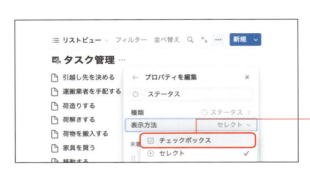

❶ ステータスプロパティの編集画面を開く（→P.105）

❷「表示方法」→「チェックボックス」をクリックする

❸ チェックボックスで表示され、チェックを入れると「完了」、外すと「未着手」になる

MEMO

「進行中」グループのステータスの場合は、チェックボックスに横線が入ります。チェックボックス表示では、進行中に切り替えることはできません。

POINT

リンクドビューを使った活用例

ステータスのチェックボックスは、例えば、オリジナルのデータベースではステータスの種類を細かく把握したいけど、よく使うページではリンクドビュー（同じデータベースを別の場所で表示する機能、→P.124）を使ってシンプルにチェックだけで入力したい、といった場合に活用できます。

オリジナルのデータベース

セレクト表示で細かく管理できる

リンクドビューのデータベース

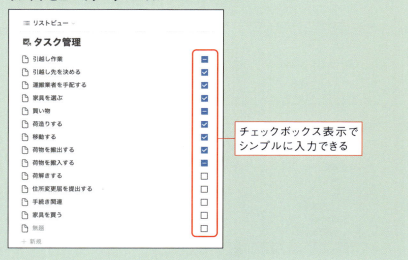

チェックボックス表示でシンプルに入力できる

Technique 066

セレクトのタグを一括作成したい

　セレクトやマルチセレクトのプロパティで大量のオプションを追加したい場合、1つずつ追加していくと手間がかかりますが、ここで一工夫すると、大量のオプションを一括で追加することができます。

セレクトのオプションをまとめて追加する

❶テキストプロパティを作成し、オプションをカンマ（,）で区切って入力する

❷プロパティの編集画面を表示し（→P.105）、「種類」をクリックして「セレクト」に変更する

❸入力したテキストが一括でオプションに変換される

Technique 067

数値の単位を「%」や「¥」にしたい

データベースの数値プロパティは、デフォルトでは数値のみの表示ですが、単位を追加することができます。コンマ付きの数値、パーセント、円、米ドル、ユーロなどの通貨から選択できます。

数値を「¥」で表示する

❶ 数値プロパティの編集画面を表示する（→P.105）

❷「数値の形式」→「円」をクリックする

❸ 数値が「¥」付きで表示される

Technique 068

プログレスバーで進捗を可視化したい

　数値プロパティや、数式プロパティで算出した数値には、数値、バー、リングの3種類の表示形式を設定できます。タスクの進捗率をバーで表現するなど、数値を視覚的にわかりやすく表現できます。

数値をバーで表示する

❶ 数値プロパティの編集画面を表示する（→P.105）

❷「表示形式」で「バー」を選択する

❸ カラーや数値の表示を設定する

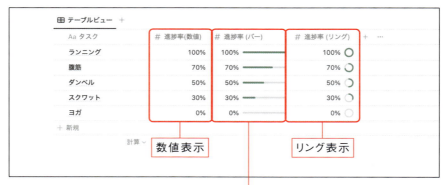

数値表示

リング表示

❹ 数値がバーで表示される

MEMO

「数値の形式」がパーセント以外の場合は「分割数」を設定できます。例えば、200点満点のテストのうち、何点取ったか表示する場合は、分割数を200と入力します。

Technique 069

ユーザーを1人だけ設定できるようにしたい

ユーザープロパティでは、設定できるユーザーの数を「無制限」とするか、「1ユーザー」に制限するかを設定できます。例えば、各タスクの役割を1ユーザーに割り振りたいケースに活用すると便利です。

選択できるユーザー数を1人に制限する

❶ユーザープロパティの編集画面を表示する（→P.105）

❷「制限」→「1 ユーザー」を選択する

❸選択できるユーザー数が1に制限される

POINT
選択したユーザーはメンションされる

ユーザープロパティにユーザーを追加すると、追加されたユーザーにメンションが飛びます。メンションは、追加されたユーザーの「受信トレイ」に表示されます。

Technique 070

日付に期間や時刻を つけて管理したい

デフォルトの日付プロパティは単一の日にちを登録できますが、設定を変更することで開始日と終了日を表示したり、時刻を含めて表示したりすることができます。

終了日を追加する

❶ 日付プロパティを追加し、入力欄をクリックする

MEMO
終了日と時刻の表示はアイテムごとに個別に設定され、プロパティ全体には反映されません。

❷「終了日」をクリックする

MEMO
「時間を含む」をオンにすると時刻を設定できます。

❸ カレンダー上を2回続けてクリックし、開始日と終了日を設定する

MEMO
すばやく操作するには、手順2でShiftキーを押しながらカレンダー上の終了日をクリックします。

Technique 071

日付の表示形式を変更したい

データベースには、日付に関するプロパティが「日付」、「作成日時」、「最終更新日時」の3種類あります。これらの日付や時刻の表示形式は、好みに合わせて変更することができます。

日付の形式を「年/月/日」に変更する

❶日付プロパティの編集画面を表示する（→P.105）

❷「日付の形式」→「年/月/日」を選択する

❸「年/月/日」の形式で表示される

日付の形式	例
完全な日付（初期設定）	2025年1月31日
月/日/年	01/31/2025
日/月/年	31/01/2025
年/月/日	2025/01/31
相対	昨日、今日、明日、など

時刻の形式を「午前○時」のように変更する

❶日付プロパティの編集画面で、「時刻の形式」→「12時間」を選択する

❷時刻が12時間形式で表示される

時刻の形式	例
12時間	午後 1:00
24時間（初期設定）	13:00

Technique 072

連続したセルにデータを
コピーしたい

　データベースのテーブルビューでは、プロパティに同じデータを一括して入力することができます。担当者、ステータスといったデータを一括で変更したい場合に便利です。

連続したプロパティにデータを入力する

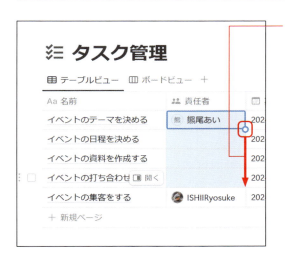

❶テーブルビューでプロパティを選択し、右下のハンドルをコピーしたい行までドラッグする

❷プロパティのデータがコピーされる

Technique 073

タスクを階層化して管理したい

サブアイテムを使用すれば、タスクをより細かな作業に分割して、担当者の割り当てやステータスの管理がかんたんにできます。

サブアイテムを有効にする

❶ データベースの「•••」→「カスタマイズ」をクリックする

❷「サブアイテム」をクリックする

❸「サブアイテムをオン」をクリックする

❹ 親にしたいアイテムの「▶」でトグルを開く

❺ ページの[::]をドラッグして、親アイテムの下に移動するとサブアイテムになる

MEMO
「新規サブアイテム」をクリックしてもサブアイテムを追加できます。

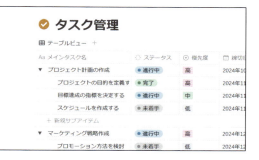

❻ 追加するとこのように、タスクを階層化して管理できる

> **MEMO**
> サブアイテムを上位階層に移動するには、サブアイテムを選択した状態でShift＋Tabキーを押します。

サブアイテムの表示方法を変更する

前ページ手順1～2の操作を行うと、「表示方法」を3種類から選択することができます。

トグルの下にネスト

デフォルトの設定。トグルで階層を開閉する

親アイテムのみ

親アイテムにサブアイテムの数が表示される。サブアイテムを開くには、親アイテムのページを開き、サブアイテムプロパティをクリックする

同じ階層に並べる

サブアイテムと親アイテムが同じ階層に並ぶ。サブアイテムには親アイテムの名前が表示される

POINT

サブアイテムの仕組み

サブアイテムは、同じデータベース内でリレーションされて管理されています。具体的には、データベースに「親アイテム」プロパティと、「サブアイテム」プロパティが作成されます。これらプロパティはデフォルトで非表示ですが、P.153の方法で表示することができます。

Technique 074

作業順序のあるタスクを視覚的に紐づけたい

依存関係を追加すれば、タスクとタスクを視覚的に紐づけることができます。どのタスクを先にする必要があるか、どのタスクにより保留中なのか、といったことが一目でわかり、プロジェクトの進捗管理に役立ちます。

タスクの依存関係を設定する

依存関係は、データベースのタイムラインビューで設定します。

❶ タイムラインビューを開き、右上の「●●●」→「カスタマイズ」をクリックする

❷「依存関係」をクリックする

❸ 日程が重なった場合などにシフトするかどうかを設定する

❹「依存関係を設定」をクリックする

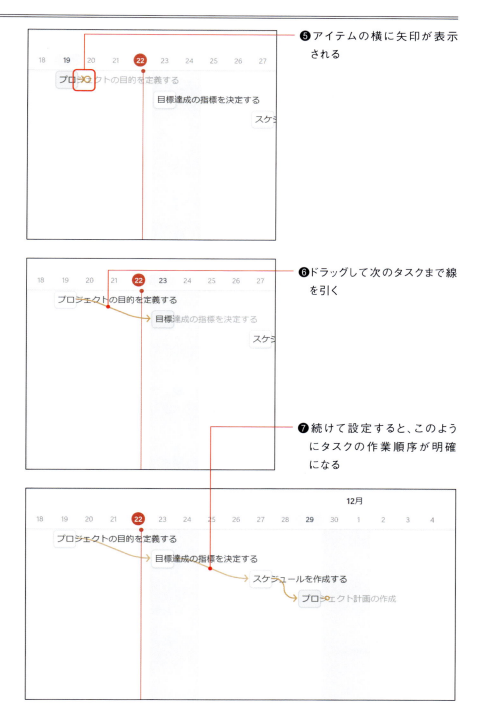

Technique 075

データベースを複数のビューで並列表示したい

　Notionの「リンクドビュー」を使うと、ひとつのデータベースを複数の場所に何度でも表示することができます。ここでは、オリジナルのデータベースと同じページに、リンクドビューを表示します。

リンクドビューを挿入する

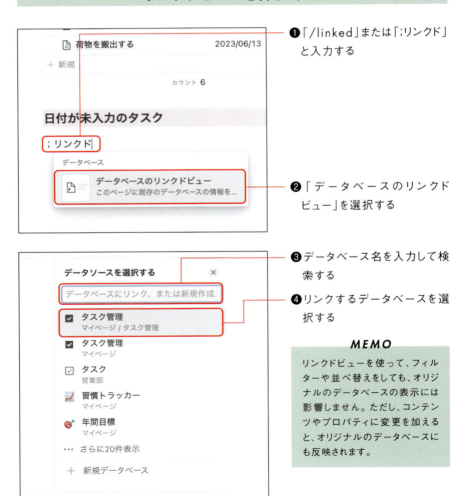

❶「/linked」または「;リンクド」と入力する

❷「データベースのリンクドビュー」を選択する

❸データベース名を入力して検索する

❹リンクするデータベースを選択する

MEMO

リンクドビューを使って、フィルターや並べ替えをしても、オリジナルのデータベースの表示には影響しません。ただし、コンテンツやプロパティに変更を加えると、オリジナルのデータベースにも反映されます。

❺ 表示したいビューを選択する

❻ 続けてビューの設定をする

MEMO
ビューに設定されたフィルターや並べ替えが引き継がれます。

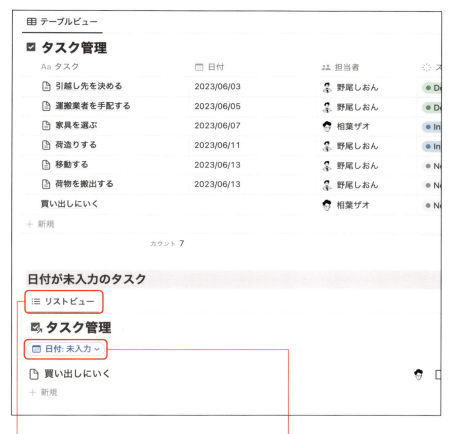

❼ リンクドビュー（ここではリストビューを設定）が表示される

❽ ここでは「日付：未入力」のフィルターをかけた（→P.134）

MEMO
リンクドビューは、データベース名の前に矢印が表示されるので見分けられます。

Technique 076

ドラッグ操作で日付を入力したい

　データベースのアイテムを「リンクドビュー」で表示したカレンダービューの日付にドラッグすると、自動的に日付プロパティが入力されます。日付プロパティに入力する手間を簡略化できる便利なテクニックです。

リンクドビューのカレンダーにドラッグする

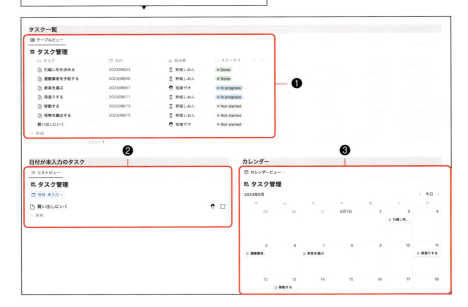

❶ オリジナルのデータベース
❷ リンクドビュー（リスト）：フィルターで日付未入力のタスクを表示している
❸ リンクドビュー（カレンダー）

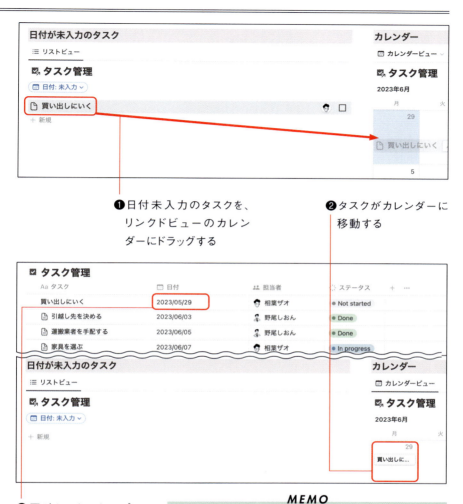

❶ 日付未入力のタスクを、リンクドビューのカレンダーにドラッグする

❷ タスクがカレンダーに移動する

❸ 同時に、タスクのプロパティに日付が入力される

MEMO

ここではリンクドビュー（リスト）からカレンダーにドラッグしましたが、オリジナルのデータベースのタスクをドラッグしても日付を入力できます。

POINT

別プロパティを同時入力するテクニック

ドラッグ先のビューに対してフィルター（→P.134）を設定しておくと、ドラッグしたページにそのフィルター設定を付与できます。例えば、「ステータス：完了」のフィルターを設定したカレンダービューにページをドラッグすると、ページのステータスが「完了」になります。

Technique 077

定型のページ構成を
テンプレート化したい

　議事録、レポートなど同じ種類のページを繰り返し作成する場合に、定型フォーマットをかんたんに作成できる機能がデータベースのテンプレートです。テンプレート化すれば、定型のコンテンツが1クリックで作成できます。

ページのテンプレートを作成する

❶データベース右上の「↓」をクリックする

❷「新規テンプレート」をクリックする

❸テンプレート編集画面が表示される

3章 ――― データベース[テンプレート]

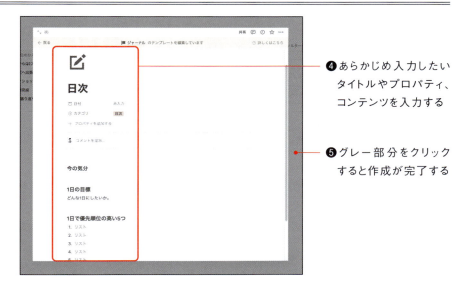

❹ あらかじめ入力したいタイトルやプロパティ、コンテンツを入力する

❺ グレー部分をクリックすると作成が完了する

テンプレートからページを作成する

❶「↓」をクリックし、テンプレートをクリックするとページが作成される

MEMO

複数のテンプレートを作成した場合、[⋮⋮]をドラッグして順番の入れ替えができます。

POINT

テンプレートを編集する

テンプレートはあとから編集することができます。上記の画面でテンプレート名の右にある「•••」をクリックし、「編集」をクリックするとテンプレートの編集画面が開きます。

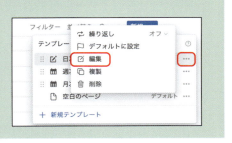

Technique 078

テンプレートを新規ページに自動で適用したい

テンプレートに「デフォルト」を設定をしておくと、新規ページを作成するときに、テンプレートを選択することなくデフォルトのテンプレートが適用されたページが作成されます。

デフォルトのテンプレートを変更する

❶ データベース右上の「↓」をクリックする

❷ 対象のテンプレートの「•••」をクリックする

MEMO
テンプレートのデフォルトを変更していない場合は、「空白のページ」がデフォルトになっています。

❸ 「デフォルトに設定」をクリックする

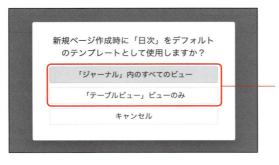

❹ 同データベースのすべてのビューに適用するか、現在開いているビューのみに適用するかを選択する

Technique 079

テンプレートのタイトルに自動で日付を入れたい

　テンプレート内で日付をメンションする場合、テンプレートの作成日ではなく、テンプレートの複製時の日付を入力することができます。

テンプレートから作成した日付を入力する

❶ テンプレート編集画面を表示する(→P.128)

❷ タイトルに「スペース」+「@」を入力し、「今 - 複製時に表示する時間」を選択する

MEMO
「今日 - ○年○月○日」を選択すると、テンプレートに入力した日付が表示されてしまうのでご注意ください。

❸ 「@今」と表示される

❹ テンプレートからページを作成すると、そのタイミングでの日付や時間が入力される

Technique 080

テンプレートを繰り返し
タスクとして自動作成したい

　日報や週次ミーティングのページなど定期的に作成するページは、自動で作成するように設定できます。ページを作成する手間が省けますし、作成を忘れることもなくなるので便利です。

テンプレートページを自動で作成する

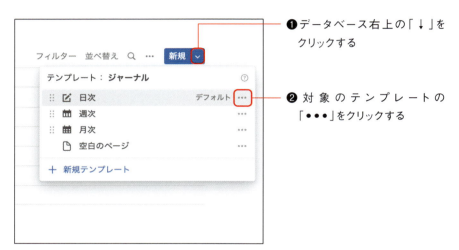

❶データベース右上の「↓」をクリックする

❷対象のテンプレートの「•••」をクリックする

❸「繰り返し」を選択する

❹繰り返しの頻度(ここでは「毎日」)を選択する

❺自動作成の間隔と開始日、作成するタイミングを入力する

❻「保存」をクリックする

POINT

曜日を指定して作成するには？

繰り返しの頻度を「毎日」にした場合は平日休日問わず、ページが作成されます。例えば平日のみ作成したい場合は、繰り返しの頻度を「毎週」にすることで作成する曜日を選択できるようになります。

Technique 081

今週のタスクのみを表示したい

　フィルター機能を使えば、多くのアイテムの中から、今必要なアイテムだけを表示することができます。ここでは、今日現在の日付に合わせて自動更新されるよう「今週のタスク」のみを表示させます。

日付プロパティにフィルターを設定する

❶データベースの右上の「フィルター」をクリックする

❷日付プロパティ(ここでは「締切日」)を選択する

❸条件をクリックする

❹「今日と相対日付」を選択する

❺「今」「週」を選択する

❻今週が選択される

MEMO

「今週」と設定した場合は、今日を含む月曜日から日曜日のアイテムが表示されます。「過去1週」の場合は、7日前から今日までのアイテムが表示され、「今後1週」の場合は、今日から7日後までのアイテムが表示されます。

❼フィルターが設定され、今週のタスクのみが表示される

MEMO

フィルターの右の「フィルターの追加」をクリックすると、複数のフィルターを設定できます。

MEMO

オレンジ色の小さなマークが表示される場合はP.137を参照してください。

POINT

フィルターを非表示／削除する

フィルター設定の表示／非表示は、手順1のアイコンをクリックすることで行えます。また、フィルターを削除するには、フィルターを選択し、「●●●」→「フィルターを削除」をクリックします。

Technique 082

自分や部署ごとのタスクのみを表示したい

フィルター機能は、自分が担当のタスクのみを表示する、自分のチームのタグがついたタスクのみを表示する、といったことにも使えます。ここではユーザープロパティにフィルターを設定します。

ユーザープロパティにフィルターを設定する

❶データベースの右上の「フィルター」をクリックする

❷ユーザープロパティを選択する

❸条件で「を含む」を選択する

❹ユーザーで「自分」を選択する

MEMO
自分のアカウント名を選択することもできますが、「自分」を選択すると、「そのビューを開いているユーザー」を対象にフィルターがかかります。

❺自分を含むタスクのみが表示される

Technique 083

フィルターをメンバー全員に反映したい

　フィルターを設定すると、自分のビューには反映されますが、他のユーザーのビューには影響しません。他のユーザーのビューにも反映したい場合はフィルターを保存します。

データベースのフィルターを保存する

❶ チームスペースなど、複数人がアクセスできるデータベースにフィルターを設定するとオレンジ色のマークがつく

❷「このフィルターを保存」をクリックして保存する

❸ 現在のビューを変更せずに、別のビューとして作成したい場合は「↓」→「新規ビューとして保存」をクリックする

Technique 084

高度なフィルターを活用したい

高度なフィルターでは、ANDとORを使って、複数の条件を組み合わせたフィルターを作成できます。例えば、担当者がAさん、Bさんの二人ともが含まれているタスクを表示する場合は「AND」を使ってフィルターをします。

高度なフィルターを設定する

❶ データベースの右上の「フィルター」をクリックする

❷「高度なフィルターを追加」をクリックする

MEMO
すでにフィルターを設定済みの場合は、既存フィルターの右にある「フィルターを追加」→「高度なフィルター」をクリックします。

❸ フィルター条件を設定する
❹「フィルタールールを追加」をクリックする

❺「フィルタールールを追加」を選択する

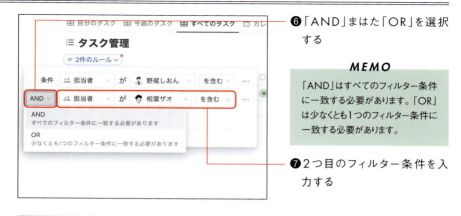

❻「AND」または「OR」を選択する

MEMO

「AND」はすべてのフィルター条件に一致する必要があります。「OR」は少なくとも1つのフィルター条件に一致する必要があります。

❼2つ目のフィルター条件を入力する

❽フィルタリングされ、ここでは二人の担当者がともに含まれるタスクが表示される

POINT

フィルターグループで入れ子にする

手順5の画面で「フィルターグループを追加」を選択すれば、複数のフィルターを入れ子にすることができます。より思い通りのフィルタリングをすることが可能です。

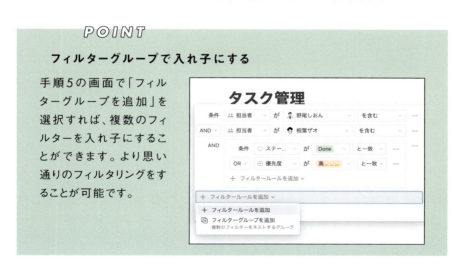

Technique 085

アイテムの表示順を並べ替えたい

データベースのプロパティに基づいて、アイテムを日付順に並べ替えたり、優先順に並べ替えたりすることができます。ここの例では、アイテムを古い日付から新しい日付の昇順に並べ替えます。

プロパティに並べ替えを設定する

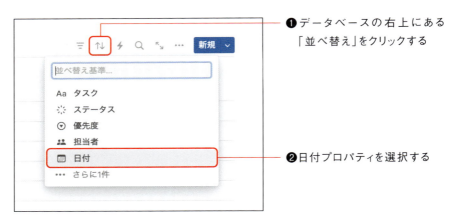

❶データベースの右上にある「並べ替え」をクリックする

❷日付プロパティを選択する

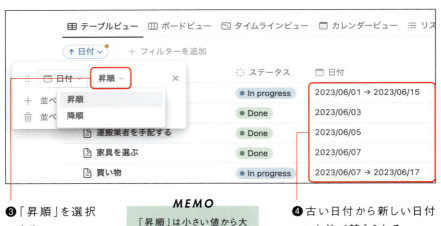

❸「昇順」を選択する

MEMO
「昇順」は小さい値から大きい値へと並べられ、「降順」はその逆に並べます。

❹古い日付から新しい日付へと並べ替えられる

複数条件で並べ替える

❶ 並べ替えの条件が2つ以上必要な場合は、「並べ替えを追加」をクリックする

MEMO
「並べ替えを削除する」で並べ替えを削除できます。

❷ ここではセレクトプロパティ（優先度）を選択する

❸ 「昇順」を選択する

❹ 日付が同じアイテムの場合は、優先度の昇順で並べ替えられる

POINT

並べ替え条件の優先度

並べ替えの条件は、上に表示されるものほど優先度が高いです。今回は「日付」が1つ目の条件、「優先度」が2つ目の条件なので、はじめに「日付」で並べ替えられ、日付が同じ場合に「優先度」で並べ替えられます。このように、条件の順番によって並べ替えの結果が変わるので注意しましょう。条件の順番は、[⋮⋮]を上下にドラッグすることで入れ替え可能です。

Technique 086

アイテムをグループごとに分けて表示したい

データベースのアイテムは、プロパティの値ごとにグループ化して表示することができます。ここでは例として、タスクをプロジェクトごとにグループ化して表示します。

アイテムをグループごとに分けて表示する

❶ データベースの右上にある「•••」をクリックする

❷「グループ」をクリックする

MEMO
グループ化はカレンダービュー以外で行えます。

❸ グループ化するプロパティを選択する

❹プロパティごとにグループ化
されて表示される

POINT

日付プロパティでグループ化する場合

日付プロパティでグループ化する場合は、グループ化する期間を選択できます。グループ設定画面の「日付ごと」をクリックし、相対日付、日、週、月、年のいずれかを選びましょう。

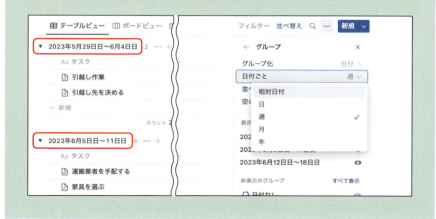

3章 ── データベース［並べ替えとグループ化］

Technique 087

ボードビューのグループを変更したい

　ボードビューは初期設定でステータスプロパティによってグループ化されています。グループ化に使うプロパティは変更できるので、優先度、担当者、期間など、用途に合わせて確認しやすい表示にしましょう。

グループ化するプロパティを変更する

❶ 右上の「•••」をクリックする
❷ 「グループ」をクリックする

❸ 「グループ化」をクリックする

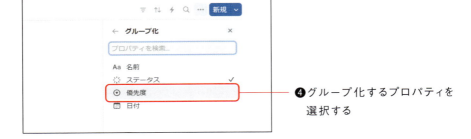

❹ グループ化するプロパティを選択する

❺ ここでは「優先度」ごとのグループに変更される

MEMO

下の画面では、「•••」→「レイアウト」→「列の背景色:オン」と、「•••」→「プロパティ」→「ステータス:表示」を設定しています。

POINT

ステータスプロパティのグループ化の基準

ステータスプロパティでグループ化している場合は、グループとオプションのどちらでグループ化するかを選択できます。グループとオプションについてはP.107を参照してください。

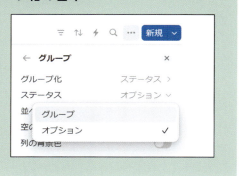

Technique 088

ボードビューをさらにサブグループに分けたい

　ボードビューの場合は、通常のグループに加えて、サブグループに分けて表示することもできます。グループは左右方向に表示されて、サブグループは上下方向に分かれて表示されます。

サブグループに分けて表示する

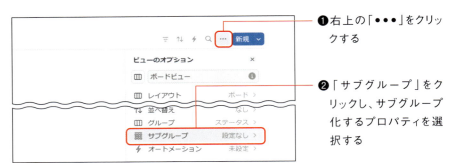

❶右上の「•••」をクリックする

❷「サブグループ」をクリックし、サブグループ化するプロパティを選択する

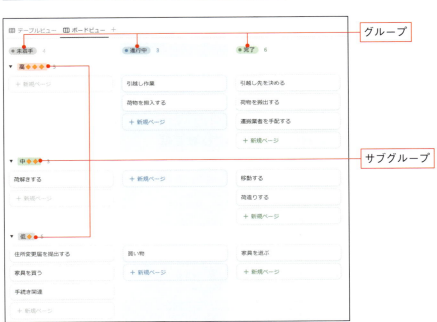

グループ

サブグループ

Technique 089

チャートビューのグラフの種類を知りたい

　チャートビューでは縦棒グラフ、横棒グラフ、線グラフ、ドーナツグラフの4種類が選択できます。次ページ手順1のビューの編集画面を開き、用途に合わせてチャートの種類を選択しましょう。

チャートの4種類

縦棒グラフ

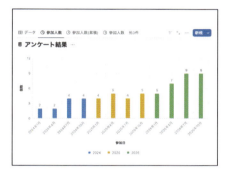

カテゴリー別の数値の比較や時系列データを示すのに適している

横棒グラフ

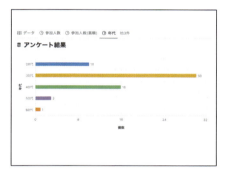

カテゴリーの種類が多い、カテゴリー名が長い場合、順位を強調したい場合などに適している

線グラフ

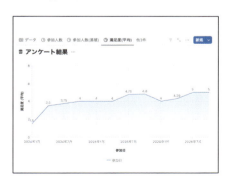

時系列データの変化や連続的なデータを示すのに適している

ドーナツグラフ

全体に対する割合を示す。カテゴリーが少ない場合に適している

Technique 090

チャートの横軸と縦軸を変更したい

チャートの表示は、ビューのオプションから自由にカスタマイズできます。ここでは縦棒グラフ例として、チャートの横軸や縦軸に表示するプロパティを選択します。

横軸と縦軸を変更する

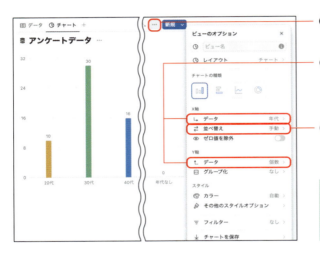

❶「•••」からビューのオプションを表示する

❷ X軸（横軸）とY軸（縦軸）に使用するプロパティを設定する

❸「並べ替え」でデータの並び順を設定する

MEMO
「並べ替え」ではほかに、データの表示／非表示を切り替えられます。

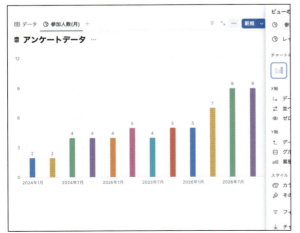

❹ チャートが変更される

MEMO
ここではX軸に日付プロパティ（月ごと表示）、Y軸に個数を設定しました。個数はページの数を意味します。

Technique 091

チャートに累積やグループ化を
設定したい

　チャートに表示するデータは、累積で表示したり、グループ化して属性ごとに色分けして表示したりすることができます。ここではアンケートデータのチャートをもとにカスタマイズします。

累積データを表示する

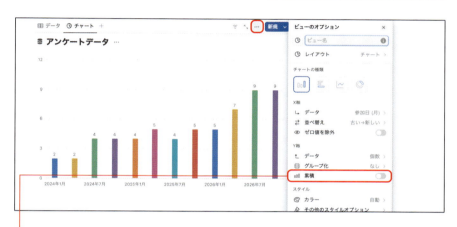

❶「•••」からビューのオプションを表示し、Y軸の「累計」をオンにする

❷累積の値が表示される

値をグループごとに色分けする

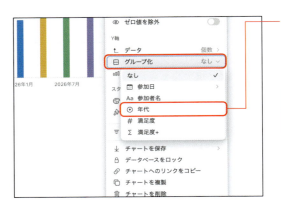

❶「グループ化」で、値のグループ分けに使うプロパティを選択する

MEMO
この例では、アンケート参加者の年代別にグループ化します。

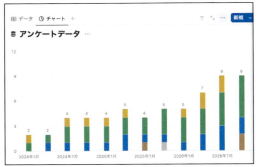

❷ グループごとに色分けされる

MEMO
チャートには、一度に最大200個のグループと50個のサブグループを表示できます。

POINT
日付プロパティでグループ化した場合

他の例として、日付プロパティの「年」でグループ化した場合は、同じ年の値が同じ色で表示されます。用途に応じて、見やすくカスタマイズできます。

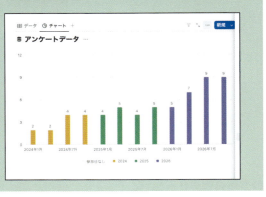

Technique 092

チャートのカラーを変更したい

チャートのカラーは変更することができます。プロパティのオプションに色がある場合はその色が反映されるほか、カラフルな配色にしたり、青やピンクといった同系色でまとめたりすることが可能です。

チャートのカラーを変更する

❶「•••」からビューのオプションを表示し、「カラー」で色を変更する

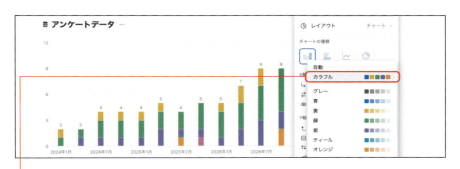

❷ここでは「カラフル」に変更した

MEMO
カラーはデフォルトで「自動」に設定されています。プロパティにオプションの色がある場合はグラフの色にも自動的に反映され、オプションの色がない場合はカラフル表示になります。

Technique 093

チャートを画像で保存したい

　Notionで作成したチャートは画像としてコピーして他の場所に貼り付けたり、ファイルとして保存したりすることができます。他の人に共有するのもかんたんです。

チャートを保存する

❶「•••」からビューのオプションを表示し、「チャートを保存」をクリックする

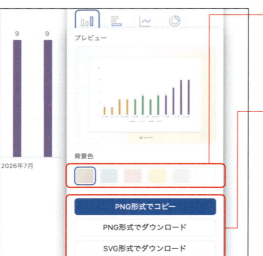

❷背景色を選択する

MEMO
グラデーションと単色カラー、背景なしから選択できます。

❸保存形式を選択する

MEMO
「PNG形式でコピー」は画像としてコピーされてCtrl＋Vで貼り付けできます。「PNG形式でダウンロード」または「SVG形式でダウンロード」はファイルとして保存され、SVG形式の場合は背景色が反映されずに透過背景で保存されます。

Technique 094

ビューに表示される プロパティを追加したい

データベースのビューは、初期設定では必要最低限のプロパティしか表示されていません。必要に応じて、プロパティを追加で表示したり、または非表示にしたりすることができます。

プロパティの表示／非表示を切り替える

❶ データベースの右上の「•••」→「プロパティ」を選択する

❷ プロパティの右のマークをオンにする

MEMO
プロパティを一括で表示する場合は「すべて表示」、一括で非表示する場合は「すべて非表示」をクリックします。

❸ 選択したプロパティがビューに表示される

MEMO
表示順序を入れ替える場合は、手順2の画面でプロパティの左の［⋮⋮］をドラッグします。

Technique 095

見出しの列を常に表示させたい

プロパティの数が多くなると、テーブルビューの横幅が長くなって見出しの列が見えなくなることがあります。この場合に、見出しの列を常に表示するように設定することができます。

列を固定表示する

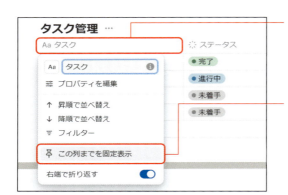

❶固定表示にしたいプロパティをクリックする

❷「この列までを固定表示」をクリックする

❸データベースを左右にスクロールしても、設定した列より左側は常に表示される

Technique 096

一度に表示するページ数を変更したい

インラインデータベースの場合は、最初に読み込まれるページ数に制限がかけられています。このページ数は変更することができます。

読み込みページ数を変更する

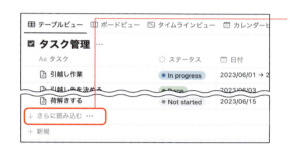

❶ページ数が制限を超えると、「さらに読み込む」と表示される

❷右上の「•••」→「読み込み制限」をクリックする

❸ページ数を選択すると、ページ数の制限が変更される

POINT
ページの読み込みを遅くしないために

読み込むページ数を増やすと、ページの読み込みに時間がかかる場合があります。ページ数が非常に多い場合は、あらかじめフィルターをかけておく、インラインではなくフルページで開くようにする、トグル内にインラインデータベースを置いて閉じておく、などの工夫をするとよいでしょう。

Technique 097

プロパティのテキストを
1行で表示したい

プロパティのテキストが長い場合は、右端で折り返されて複数行で表示されます。すべて表示する必要がない場合は、折り返さずに1行でシンプルに表示することができます。

プロパティごとに右端で折り返しを設定する

❶ 変更したいプロパティをクリックする

❷ 「右端で折り返す」をオフにする

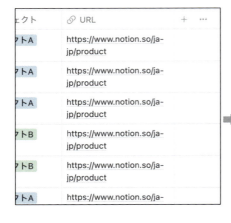

❸ 右端で折り返さずに表示される

Technique 098

すべてのプロパティのデータを 1行で表示したい

列を右端で折り返すかどうかの設定は、前ページの方法でプロパティごとに設定することもできますし、すべてのプロパティに対して一括で設定することもできます。

すべての列に右端で折り返しの設定を一括変更する

❶右上の「•••」→「レイアウト」をクリックする

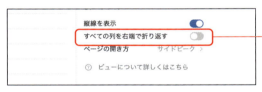

❷「すべての列を右端で折り返す」をオフにする

Technique 099

データベース内のページの開き方を変更したい

データベースのページの開き方は、サイドピーク、ポップアップ、フルページの3種類から選べます。初期設定のサイドピークは、ページを一時的に編集したいときに便利です。

データベースのページの開き方を変更する

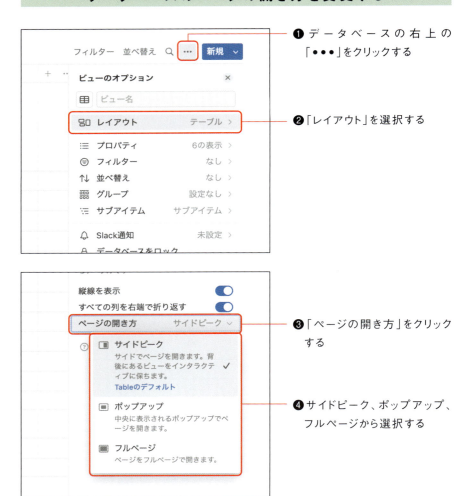

❶ データベースの右上の「•••」をクリックする

❷「レイアウト」を選択する

❸「ページの開き方」をクリックする

❹ サイドピーク、ポップアップ、フルページから選択する

ページの開き方の3種類

ページ

サイドピーク

画面の右サイドにページを開きます。そのまま背後のデータベースを編集することもできます。

MEMO
ページとサイドピークの境界線を左右にドラッグすると幅を調整できます。

ポップアップ

中央に表示されるポップアップでページを開きます。

フルページ

ページをフルページで開きます。

3章 ── データベース[表示の設定]

Technique 100

カードプレビューの サイズを大きくしたい

ギャラリービューとボードビューの場合、ページ内の画像をカードプレビューとしてサムネイル表示することができます。このカードサイズは、大中小の3つから選択できます。

カードプレビューのサイズを変更する

❶ 右上にある「•••」→「レイアウト」をクリックする

❷「カードサイズ」をクリックし、サイズを選択する（ここでは小から大に変更）

Technique 101

日付や担当者が未入力のタスク数をカウントしたい

　日付や担当者などをもれなく設定できているか確認するには、データベースの計算の機能を使うと便利です。プロパティ列の下部に表示される計算部分で、未入力の個数をカウントします。

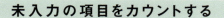

未入力の項目をカウントする

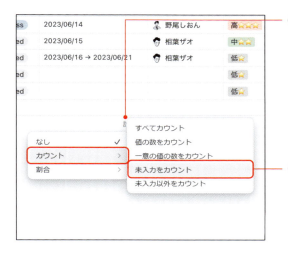

❶ 列の下にある「計算」をクリックする

❷「カウント」→「未入力をカウント」をクリックする

❸ 未入力のアイテム数が表示される

MEMO

「割合」→「未入力の割合」を選ぶと割合（％表示）で表示することができます。

Technique 102

すべてのタスク数をカウントしたい

プロパティ列の下の「計算」から「すべてカウント」を選択すると、項目が未入力かどうかにかかわらず、すべての項目の数をカウントすることができます。

すべての項目をカウントする

❶ 列の下にある「計算」をクリックする

❷「カウント」→「すべてカウント」をクリックする

❸ 未入力の項目も含め、すべてのアイテム数が表示される

Technique 103

コストの合計値を表示したい

　計算機能は、その列のプロパティによって表示される項目が異なる場合があります。例えば数値プロパティでは、入力された数値の合計を計算して合計値を表示することができます。

数値プロパティの合計値を計算する

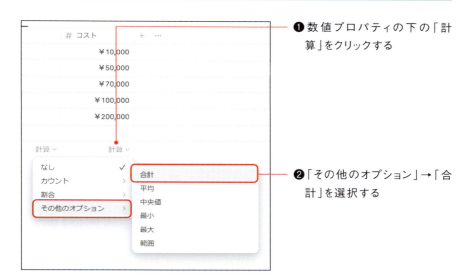

❶ 数値プロパティの下の「計算」をクリックする

❷「その他のオプション」→「合計」を選択する

❸ 入力された数値の合計値が表示される

Technique 104

コストの平均値や中央値を表示したい

コストの平均値や中央値を表示する場合は、数値プロパティを使って計算します。ここでは例として、平均値を計算します。

数値プロパティの平均値を計算する

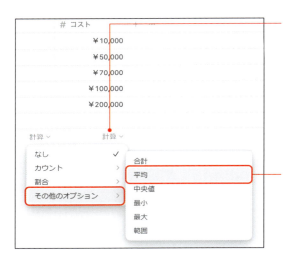

❶ 数値プロパティの下の「計算」をクリックする

❷「その他のオプション」→「平均」を選択する

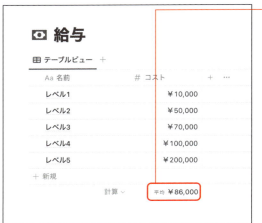

❸ 入力された数値の平均値が表示される

MEMO

中央値を表示させたい場合は「中央値」を選択します。中央値とは、昇順または降順に並んだデータの個数の中央の値のことで、左図の場合は5個あるデータの中央（3番目）の値として「¥70,000」が表示されます。

Technique 105

コストの最大値や最小値を表示したい

数値プロパティの計算機能を使えば、最大値や最小値を表示することもできます。ここではコストの最大値と最小値を表示する手順を例に解説します。

数値プロパティの最大値を表示する

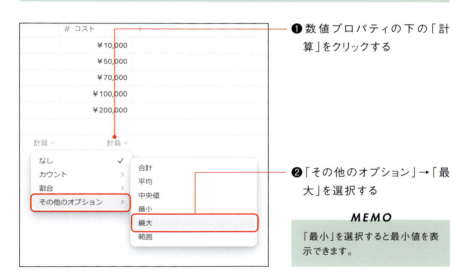

❶ 数値プロパティの下の「計算」をクリックする

❷「その他のオプション」→「最大」を選択する

MEMO
「最小」を選択すると最小値を表示できます。

❸ 入力された数値の最大値が表示される

Technique 106

タスクの日付範囲を表示したい

数値プロパティや日付プロパティの計算機能には、範囲を表示する項目もあります。日付プロパティの場合、最も新しい日付と最も古い日付の間の日数が表示されます。

日付プロパティの日付範囲を表示する

❶日付プロパティの下の「計算」をクリックする

❷「日付」→「日付範囲」を選択する

❸最も新しい日付から最も古い日付を引いた日数が表示される

第 **4** 章

コンテンツ間の連携

Technique 107

Webリンクを見栄えよく貼り付けたい

URLはそのままテキストとして入力できるほか、リンク先をタイトル付きで表示するメンションや、さらに説明文のついたブックマークとして表示することができます。

画像付きのブックマークを作成する

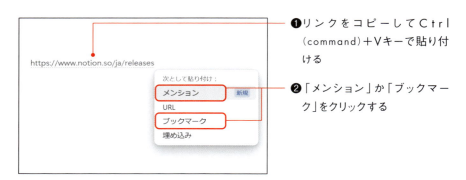

❶リンクをコピーしてCtrl（command）＋Vキーで貼り付ける

❷「メンション」か「ブックマーク」をクリックする

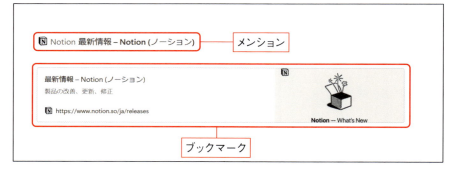

POINT

URLと埋め込み

「URL」はそのままテキストとして表示し、「埋め込み」はリンク先が画像や動画の場合にそれをプレビュー表示します。リンク先がWebページの場合に「埋め込み」を使ってもブックマークと同じ表示になります。

Technique 108

特定のブロックにリンクさせたい

　ページへのリンクだけではなく、特定のブロックへのリンクを作成することもできます。リンクの表示先を固定したい場合に便利な機能です。

ブロックへのリンクをコピーする

❶リンクしたいブロックの[：：]→「ブロックへのリンクをコピー」をクリックする

❷リンクを別の場所に貼り付けて、「メンション」をクリックする

❸特定のブロックへのリンクが作成される

Technique 109

文字にリンクを設定したい

入力したテキストにWebサイトや別ページへのリンクを貼ることができます。テキストはそのままなので、既存のページ名を表示する必要がない場合におすすめの方法です。

入力したテキストにページをリンクする

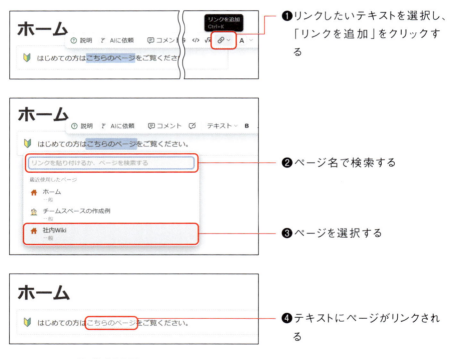

❶リンクしたいテキストを選択し、「リンクを追加」をクリックする

❷ページ名で検索する

❸ページを選択する

❹テキストにページがリンクされる

> **POINT**
>
> **一瞬でリンクを設定するテクニック**
>
> URLをコピーした状態で、既存のテキストを選択してCtrl（command）＋Vキーで貼り付けると、そのテキストにすぐにリンクが設定されます。WebサイトのURLでも、別ページのURLでもどちらでも設定可能です。

Technique 110

文章中に別ページのリンクを設置したい

文中に既存ページへのリンクを作成する場合は、[[コマンドを使用します。この方法でリンクを作成すると、既存のページ名とアイコンが表示されます。

既存のページをメンションする

❶文中で半角の[[を入力する

❷そのまま入力してページ名で検索し、ページを選択する

MEMO

@コマンドでもページをリンクできますが、ページだけではなく、ユーザー、日付のメンションも表示されます。ページをリンクさせる場合は[[コマンドが便利です。

❸ページのリンク（メンション）が作成される

Technique 111

ブロックとして別ページのリンクを設置したい

他のページへのリンクをブロックとして作成したいときは、ページリンクブロックを使いましょう。「/linktopage」や「；ページリンク」で作成することができます。

ページリンクのブロックを作成する

❶「/linktopage」と入力する

❷「ページリンク」を選択する

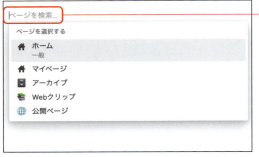

❸適宜、ページ名で検索する

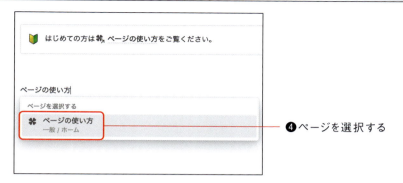

❹ページを選択する

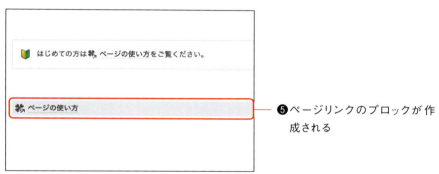

❺ページリンクのブロックが作成される

POINT

ページリンクとメンションの違い

ページリンクの場合は、サブページと同じようにサイドバーに表示されます。ページをメンション（→P.171）はページ中にリンクが埋め込まれるだけで、サイドバーには表示されません。

4章 ── コンテンツ間の連携［リンク］

Technique 112
被リンクされているページを確認したい

他のページへのリンクを作成すると、リンクされたページにはバックリンクが表示されます。バックリンクは「被リンク」の意味で、どのページからリンクされているかを表示できます。

バックリンクを確認する

❶リンクされているページを開くと、タイトルの上に「○個のバックリンク」と表示される

❷クリックするとリンク元のページが表示され、クリックするとそのページに飛ぶ

Technique 113

バックリンクを非表示にしたい

　バックリンクを表示する必要のないページは、バックリンクを非表示にすることができます。この設定はページごとに設定する必要があります。

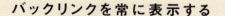
バックリンクを常に表示する

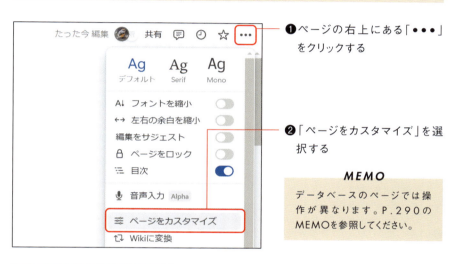

❶ ページの右上にある「•••」をクリックする

❷ 「ページをカスタマイズ」を選択する

MEMO
データベースのページでは操作が異なります。P.290のMEMOを参照してください。

❸ 「バックリンクの表示」をクリックしてオフにする

❹ タイトルの上から、バックリンクの表示がなくなる

Technique 114

ブロックの内容を別ページでも同期したい

同期ブロックを使うと、オリジナルのブロックとまったく同じ内容を別のページにも表示できます。各ページに共通で表示したいメッセージやリンクを同期ブロックにすると便利です。

同期ブロックを作成する

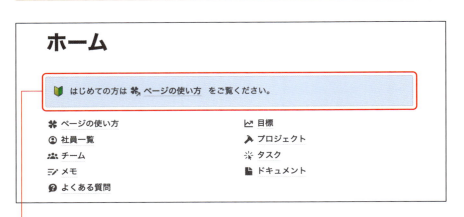

❶同期したいブロックを選択して、Ctrl（command）＋Cキーでコピーする　❷別のページを表示し、表示したい箇所にCtrl（command）＋Vキーで貼り付ける

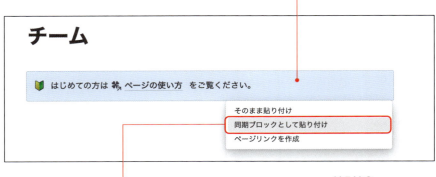

❸「同期ブロックとして貼り付け」を選択する

MEMO
「;同期ブロック」と入力して同期ブロックを作成することもできます。

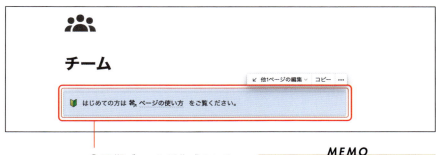

❹同期ブロックが作成される

MEMO

同期ブロックは、マウスを重ねると赤枠が表示されることで見分けられます。

同期ブロックの中身を編集する

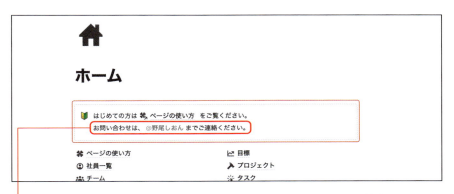

❶試しに、同期ブロックの中身を編集する

MEMO

オリジナルでも、コピー先の同期ブロックでも編集可能です。

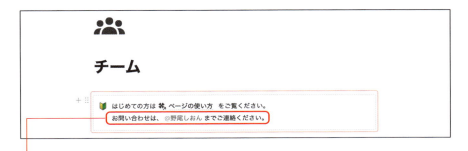

❷確認すると、他の同期ブロックも変更されている

Technique 115

同期ブロックを解除したい

　同期ブロックを解除する方法は2つあります。1つはすべての同期ブロックを一斉に解除する方法、もう1つは、コピーした同期ブロックだけを解除し、他の同期ブロックはそのまま残す方法です。

すべての同期ブロックを解除する

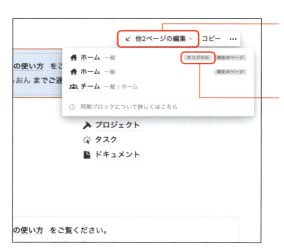

❶ 同期ブロックの「他○ページの編集」をクリックして、同期ブロックがあるページを表示する

❷「オリジナル」と表示されているページをクリックして移動する

❸ オリジナルの同期ブロックを選択し、「•••」をクリックする

❹「すべての同期を解除する」をクリックする

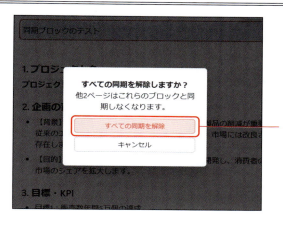

❺「すべての同期を解除」をクリックする

❻同期ブロックが解除され、各ブロックが別々に編集できるようになる

コピーした同期ブロックだけを解除する

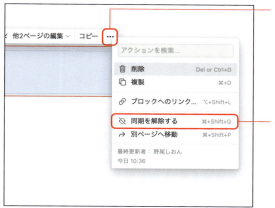

❶オリジナルではない同期ブロックの「•••」をクリックする

❷「同期を解除する」をクリックする

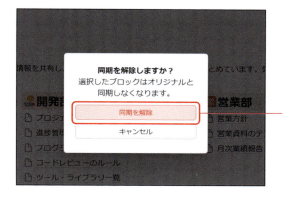

❸「同期を解除」をクリックする

Technique 116

別のデータベースと
リレーションさせたい

リレーションプロパティを使うと、ほかのデータベースのアイテムを関連付けることができます。例えば、プロジェクトとタスクのデータベースをリレーションすれば、各タスクがどのプロジェクトに紐づくか一目でわかります。

別のデータベースとリレーションする

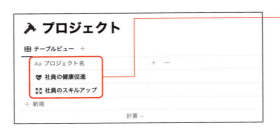

❶ リレーションされる側のデータベース（ここでは「プロジェクト」）を作成する

❷ 別のデータベース（ここでは「タスク」）を作成し、「＋」をクリックする

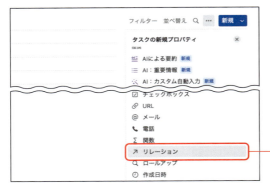

❸「リレーション」プロパティを選択する

❹関連付けたいデータベースを選択する

❺「リレーションを追加」をクリックする

MEMO

「(データベース名)に表示」をオンにすると、そのデータベースにもリレーションプロパティが追加されます。

❻リレーションプロパティが追加される

データベースのアイテムを紐づける

❶ リレーションプロパティの入力欄をクリックする

❷ リレーションしたデータベースのアイテムが表示されるので、「＋」をクリックする

MEMO
「ページをリンクまたは作成」欄にキーワードを入力してアイテムを探すこともできます。

❸ アイテムが紐づけられる

POINT

アイテムのプロパティを表示する

アイテムを選択する画面では、「●●●」→目のアイコンをクリックすることで、アイテムのプロパティを追加で表示できます（ページのタイトルは非表示にできません）。

Technique 117

リレーションできるのを 1ページだけにしたい

リレーションできるページを「無制限」にするか、「1ページ」のみに制限するかを設定できます。以下の例では、タスクがどのプロジェクトに関連するかを明確するため「1ページ」に制限します。

リレーションの制限を1ページにする

❶リレーションプロパティをクリックする

❷「プロパティを編集」を選択する

❸「制限」をクリックする

❹「1ページ」を選択する

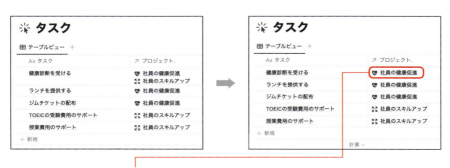

❺リレーションできるアイテムが1ページのみに制限される

4章 ── コンテンツ間の連携［リレーション］

Technique 118

タグを複数のデータベースで使い回したい

データベースでタグをつけたいときはセレクトやマルチセレクトを使うのが一般的ですが、タグ用のデータベースを作成して、別のデータベースと連携することで、複数のデータベースで共通のタグを使用することができます。

タグ用のデータベースとリレーションする

❶ 共有タグのデータベースを作成する

MEMO
タグの名前やアイコンはタイトルプロパティに入力します。

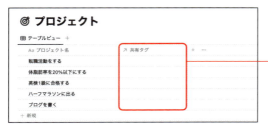

❷ タグを使いたいデータベースに、P.180の方法で「共有タグ」データベースをリレーションする

❸ リレーションプロパティをクリックして、アイテムを選択する

❹共有タグが表示される

❺同様にして、別のデータベースでも共有タグを使用できる

> ### POINT
> **タグ付けされたページをまとめて確認！**
>
> 共有タグのデータベースのページを開くと、バックリンクからリレーションされたページをまとめて確認することができます。
>
>

4章 ── コンテンツ間の連携［リレーション］

Technique 119

ロールアップの基本を知りたい

リレーションプロパティで表示できるのはページのタイトルだけですが、ロールアップ機能を使うと、そのページに設定されたさまざまなプロパティの情報を呼び出すことができます。

ロールアップとは？

ロールアップとは、リレーションしたデータベースの「各ページに設定されたプロパティ」を呼び出すことのできる機能です。プロパティの値をそのまま表示するだけでなく、データの数をカウントしたり、合計値や平均値を表示したりと、データを加工した結果を表示することもできます。

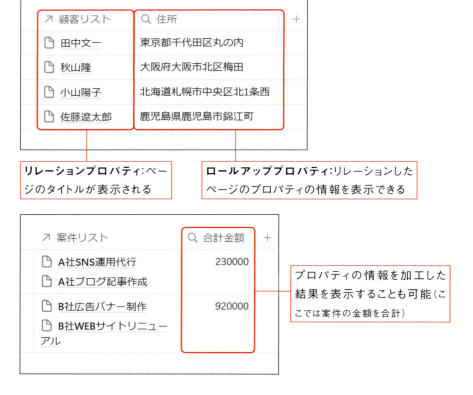

ロールアッププロパティの設定方法

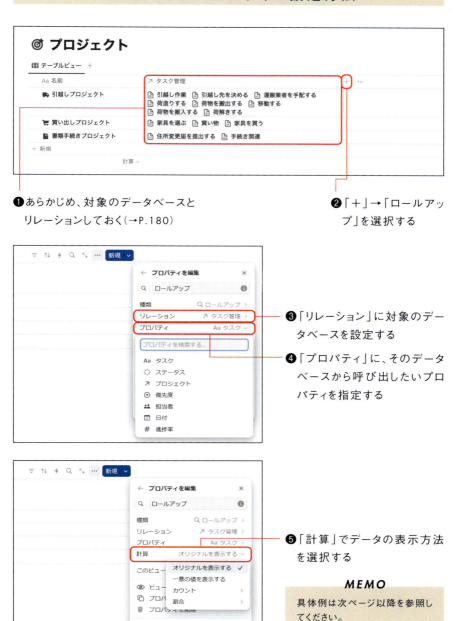

❶ あらかじめ、対象のデータベースとリレーションしておく（→P.180）

❷「＋」→「ロールアップ」を選択する

❸「リレーション」に対象のデータベースを設定する

❹「プロパティ」に、そのデータベースから呼び出したいプロパティを指定する

❺「計算」でデータの表示方法を選択する

MEMO
具体例は次ページ以降を参照してください。

Technique 120

関連するデータを
そのまま呼び出したい

ロールアップの機能を使うと、リレーションで連携したデータベースのオリジナルデータをそのまま表示することができます。

連携したデータのオリジナルを表示する

❶ P.187の方法でロールアッププロパティを追加する

❷ 表示したいプロパティを指定する

❸ 計算は「オリジナルを表示する」を選択する

❹ リレーションプロパティで選んだアイテム（ここでは顧客リスト）の「住所」プロパティがそのまま表示される

Technique 121

関連タスクの担当者を表示したい

　連携したタスクのデータベースから、そのプロジェクトに関連するタスクの担当者を表示します。

連携したタスクの担当者を表示する

❶P.187の方法でロールアッププロパティを追加する

❷プロパティは「担当者」を選択する

❸計算は「一意の値を表示する」を選択する

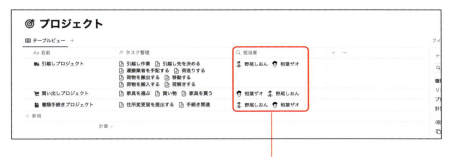

❹タスクの「担当者」が表示される

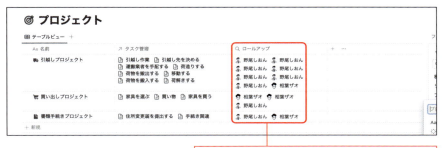

一意の値でないとデータが重複して表示される

Technique 122

関連タスクの数をカウントしたい

ロールアップを使えば、各プロジェクトに連携したタスクの数を自動的に表示することができます。タスクの数の表示により、プロジェクトの規模が一目で把握できます。

連携したタスクの数をカウントする

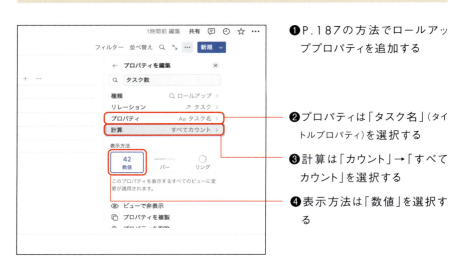

❶ P.187の方法でロールアッププロパティを追加する

❷ プロパティは「タスク名」(タイトルプロパティ)を選択する

❸ 計算は「カウント」→「すべてカウント」を選択する

❹ 表示方法は「数値」を選択する

❺ 各プロジェクトにリレーションしているタスクの数がカウントされる

Technique 123

関連タスクで未入力の項目を カウントしたい

データベースにタスクを追加したものの担当者が決まっていない、期限が決まっていない、ということがあるとプロジェクトの進捗に影響が出てしまいます。確認もれがないように、未入力のタスクの数を自動的に表示しておきましょう。

担当者が未入力のタスク数を表示する

❶ P.187の方法でロールアッププロパティを追加する

❷ プロパティは「担当者」を選択する

❸ 計算は「カウント」→「未入力をカウント」を選択する

❹ 表示方法は「数値」を選択する

❺ 各プロジェクトにリレーションしているタスクで、担当者プロパティが未入力のタスク数が表示される

❻ 例えば「人材採用」プロジェクトでは3つの未入力があるので、タスクのデータベースを開いて担当者を入力する

Technique 124

関連する費用の合計を計算したい

プロジェクトのデータベースとコストのデータベースを連携させて、各プロジェクトにかかる合計費用を自動的に計算します。

プロジェクトの合計費用を計算する

❶「コスト」のデータベースと「プロジェクト」のデータベースを双方向でリレーションする

❷プロジェクトデータベースに、ロールアッププロパティを追加する（→P.187）

❸リレーションは「コスト」、プロパティは「金額」を選択する

❹計算は「その他のオプション」→「合計」を選択する

❺表示方法は「数値」を選択する

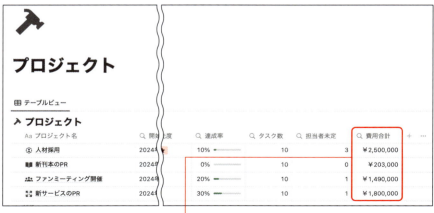

❻プロジェクトごとに、費用の合計が表示される

Technique 125
関連タスクからプロジェクトの期間を計算したい

プロジェクトの期間は数ヶ月かかるものから数日で終わるものまでさまざまです。ロールアップを使えば、各プロジェクトに連携しているタスクからプロジェクトの期間を自動的に計算できます。期間の見直しが必要かの把握に便利です。

連携したタスクの日付範囲を計算する

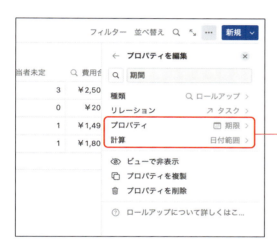

❶ P.187の方法でロールアッププロパティを追加する

❷ プロパティは「期限」(日付プロパティ)、計算は「日付」→「日付範囲」を選択する

❸ プロジェクトに紐づけられたタスクから、日付範囲が自動的に計算される

MEMO
日付範囲とは、最も古い日付から最も新しい日付までの期間のことです。

Technique 126

関連タスクの達成度を自動で表示したい

プロジェクトに連携したタスクのステータスをもとに、プロジェクトの達成率を自動的に計算して表示できます。

連携したタスクの達成度を自動的に計算する

❶P.187の方法でロールアッププロパティを追加する

❷プロパティは「ステータス」を選択する

❸計算は「割合」→「グループごとの割合」→「Complete」を選択する

❹表示方法は「バー」を選択する

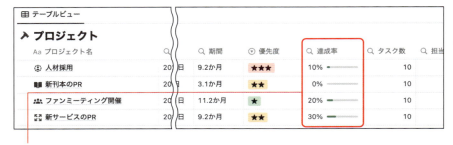

❺ステータスが「Complete」のタスクの割合が自動的に計算される

第 **5** 章

外部データとの連携

Technique **127**

Evernoteなどの
データを取り込みたい

　色々なアプリに散在しているデータやドキュメントをNotionにインポートして、すべてを一元管理することができます。Confluence、Asana、Evernote、Trelloなどのアプリからのデータインポートに対応しています。

Evernoteのデータをインポートする

❶ページ右上の「•••」をクリックし、「インポート」をクリックする

❷「Evernote」をクリックする

❸Evernoteのアカウントでログインし、アクセスを許可する

❹インポートするノートをチェックする

❺「インポート」をクリックする

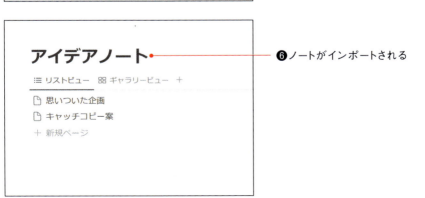

❻ノートがインポートされる

Technique 128

Excelのデータを
データベースに取り込みたい

ExcelのファイルはそのままではインポートすることができませんがCSV形式で保存することでインポートが可能になりますデータはデータベースとしてNotionに取り込まれます

新規データベースとして取り込む

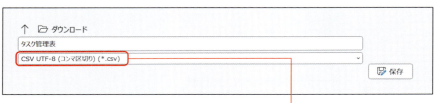

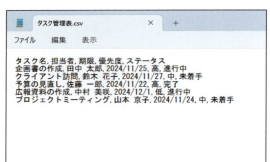

❶Excelファイルを開き「CSV UTF-8（コンマ区切り）」形式で保存する

MEMO

「CSV（コンマ区切り）」形式を選択するとNotion取り込み時に文字化けしてしまうので必ず「UTF-8」とついた形式を選択してください

❷ページ右上の「•••」をクリックし「インポート」をクリックする

❸「CSV」をクリックし、CSVファイルをアップロードする

❹データベースとして取り込まれるので、適宜プロパティの種類を変更する

既存のデータベースに取り込む

❶インラインデータベースの場合、[︙]→「CSV取り込み」をクリックする

> **MEMO**
> フルページの場合は、ページ右上の「•••」→「CSV取り込み」をクリックします。

❷既存のデータベースにデータが取り込まれる

Technique 129

外部サービスと
接続する方法を知りたい

　Notionを外部サービスと接続すると、外部のデータをプレビューするといった連携ができるようになります。Slack、Googleドライブ、Zoomなど多くのサービスに対応しています。

外部サービスと接続する

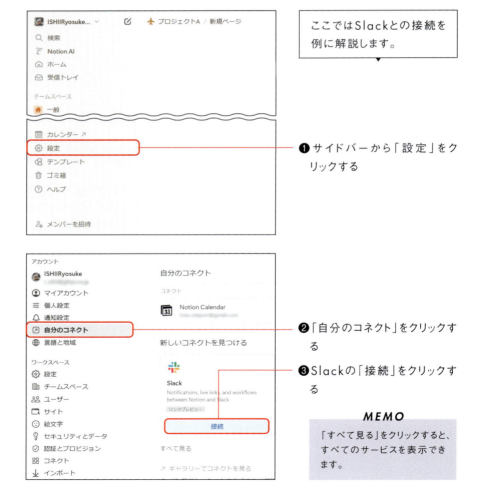

❹SlackのワークスペースのURLを入力し、画面の指示に従ってサインインとアクセス許可をする

❺Slackと接続され、「自分のコネクト」に表示された

外部サービスとの接続を解除する

❶前ページ手順2の画面で、解除するコネクトの「•••」をクリックする

❷「アカウントの接続を解除」をクリックする

Technique 130

Slackのメッセージを Notionに保存したい

　SlackのメッセージをNotionのデータベースに直接保存することができます。大事なメッセージをNotionに保存したり、Slackからタスクを作成したり、といったことが可能です。ここでは、SlackからNotionにタスクを追加してみます。

SlackからNotionのデータベースに保存する

P.202の方法でNotionとSlackを接続しておきます。

❶Notionに保存先のデータベースを作成する

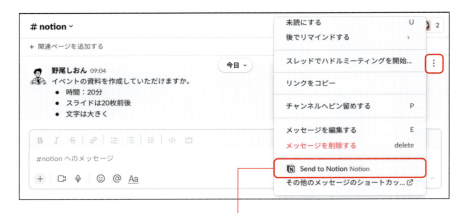

❷Slackでメッセージの「︙」をクリックし、「Send to Notion」を選択する

❸ Notionのワークスペース名を確認する

MEMO
ワークスペースの変更は、「●●●」から行えます。

❹ データベース名を入力する

MEMO
3文字以上を入力して検索するか、Notionデータベースの[⋮]→「リンクをコピー」で取得したリンクを貼り付けます。

❺ Notionデータベースに保存するタイトルを入力する

❻ プロパティを追加する場合は「Add Property」から設定する

❼ 「Save」をクリックして保存する

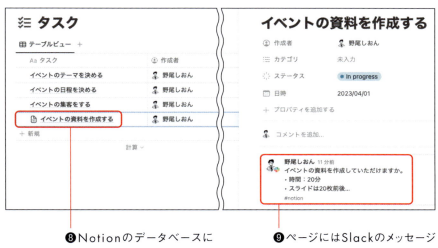

❽ Notionのデータベースに保存される

❾ ページにはSlackのメッセージのプレビューが保存される

Technique 131

Slackのスレッドを
Notionでプレビューしたい

　　Notionのページの中に、Slackのメッセージのプレビューを埋め込むことができます。Slackに移動しなくても、Notionだけでメッセージの内容やスレッドの返信数を確認することが可能です。

SlackのメッセージをNotionに埋め込む

P.202の方法でNotionとSlackを接続しておきます。

❶Slackでメッセージの「：」→「リンクをコピー」をクリックする

❷NotionのページにCtrl（command）＋Vキーで貼り付け、「プレビュー」を選択する

❸Slackのメッセージのプレビューや返信数が表示され、これをクリックするとSlack上で確認できる

MEMO

返信などの情報が自動更新されるまでは時間がかかります。すぐに更新したい場合はプレビュー右上の「•••」→「プレビューを再読み込み」をクリックします。

Technique 132

Slack内でNotionのページを プレビューしたい

　Slackと連携しておけば、SlackにNotionのページのリンクを貼ると、URLだけではなく、プレビューが表示されます。Notionをわざわざ開かなくても、タイトルなどを一目で認識できて便利です。

SlackでNotionのページをプレビュー表示する

P.202の方法でNotionとSlackを接続しておきます。

❶SlackにNotionページのリンクを投稿すると、プレビューが表示される

MEMO
Slackと連携していない場合はリンクのみが表示されます。

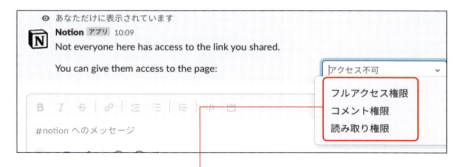

❷Notionページにアクセス権のないメンバーがいる場合はメッセージが表示され、必要なアクセス権を付与することができる

Technique 133

Notionのページの更新をSlackに通知したい

Notionのページに変更やコメントが加えられる度に、Slackで通知を受け取ることができます。Notionを開いていなくても、Slack上で一括管理して把握することができるので効率的です。

Slack通知をオンにする

P.202の方法でNotionとSlackを接続しておきます。

❶ サイドバーの「設定」をクリックし、「通知設定」を開く

❷ 「Slack通知」で、接続済みのアカウントを選択する

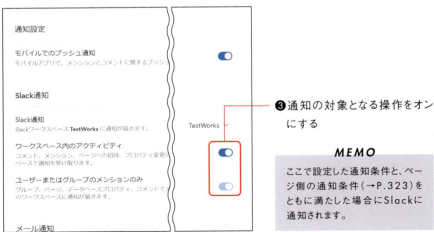

❸ 通知の対象となる操作をオンにする

MEMO

ここで設定した通知条件と、ページ側の通知条件（→P.323）をともに満たした場合にSlackに通知されます。

Technique 134

Googleスプレッドシートを埋め込み&同期したい

Googleスプレッドシートやドキュメントの埋め込む、プレビュー表示ができます。

Googleスプレッドシートを埋め込む

P.202を参考にNotionとGoogleドライブを接続しておきます。

❶Googleスプレッドシートを開き、「ファイル」→「共有」→「他のユーザーと共有」をクリックする

❷表示される画面で「リンクをコピー」をクリックする

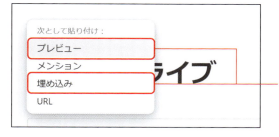

❸Notionにリンクを貼り付け、「プレビュー」もしくは「埋め込み」を選択する

❹プレビューが表示される

MEMO
表示されるまで時間がかかる場合があります。

Technique 135

Googleカレンダーを埋め込み&同期したい

NotionにGoogleカレンダーを閲覧専用として埋め込むことができます。予定を周知する場合に便利な機能です。個人的な予定を入れたカレンダーではなく、他の人との共有用に作成したカレンダーに対して利用することをおすすめします。

Googleカレンダーを埋め込む

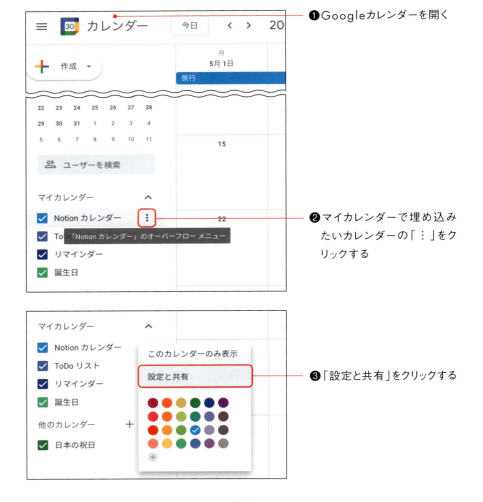

❶Googleカレンダーを開く

❷マイカレンダーで埋め込みたいカレンダーの「︙」をクリックする

❸「設定と共有」をクリックする

❹「このカレンダーの公開URL」のURLをCtrl(command)＋C キーでコピーする

❺NotionでURLを貼り付け、「埋め込み」を選択する

❻Googleカレンダーが埋め込まれる

MEMO

うまく同期されない場合は、手順4の画面で「一般公開して誰でも利用できるようにする」をオンにすることを試してみてください。

Technique 136

Googleマップを埋め込みたい

NotionにGoogleマップを埋め込んでプレビュー表示ができます。会社の場所やイベント会場を表示したり、旅先の地図を共有したりするのに活用できます。

Googleマップを埋め込む

❶ 場所を選択したら「共有」をクリックする

❷ 「リンクをコピー」をクリックする

❸ NotionでURLを貼り付け、「埋め込み」を選択する

❹ Googleマップが埋め込まれる

Technique 137

ZoomミーティングのURLを埋め込みたい

　NotionはZoomとの連携にも対応しています。定期的にミーティングが発生する場合など、NotionにZoomのリンクを埋め込んでおけば、すぐにアクセスすることができて便利です。

Zoomのリンクを埋め込む

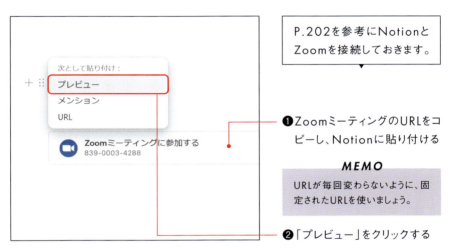

P.202を参考にNotionとZoomを接続しておきます。

❶ZoomミーティングのURLをコピーし、Notionに貼り付ける

MEMO
URLが毎回変わらないように、固定されたURLを使いましょう。

❷「プレビュー」をクリックする

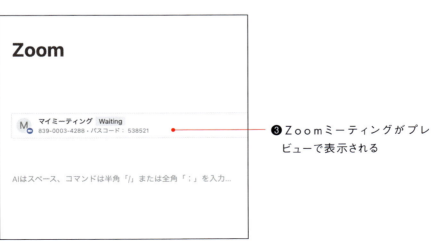

❸Zoomミーティングがプレビューで表示される

Technique 138

BoxやDropboxのファイルをプレビューしたい

　NotionをBoxやDropboxと連携すると、各サービス上のファイルをプレビュー表示することができます。ここでは例として、Boxのファイルをプレビュー表示する方法を解説します。

Boxのファイルを埋め込む

❶Boxでファイルを開き、「共有」をクリックする

❷「リンクを共有」をオンにして、リンクを「コピー」する

MEMO
Dropboxブラウザ版で連携する場合は、ファイルを右クリックして「リンクをコピー」を選択します。

❸Notionにリンクを貼り付け、「プレビュー」を選択すると埋め込まれる

第 **6** 章

データベースの数式

Technique **139**

Notion数式の基本を知りたい

Notionデータベースには数式プロパティが用意されています。数式を使うと、他のプロパティの値を操作して必要な値を表示することができます。ここでは、数式を実行する際に必要となる関数、引数の概念と、数式の入力方法を理解しましょう。

関数とは？

数式の中で、他のプロパティの値を操作するために特定の処理を行うのが関数です。関数は何らかの計算を行うものなので、計算のもととなる値が必要です。それを引数と言い、関数のうしろにカッコで記述します。

▤ 関数の書き方

関数（引数）

▤ 関数の例

dateBetween(日付, now(), "days")

- dataBetween関数は、(date, date, unit)という3つの引数を使用します。
- 1つ目と2つ目の引数には「date」（日付）を指定します。ここでは日付プロパティ「日付」と、現在の日時「now()」を指定しています。
- 3つ目の引数には「unit」（週、日、時、分などの単位）を指定します。ここでは日の単位「"days"」を指定しています。
- つまり、日付のプロパティと現在の日付の差を計算して、日の単位で表示する、という実行結果が得られます。

MEMO
この例の「"days"」のように、単語や文章などのテキストは「""」で囲む必要があります。

ビルトイン（組み込み）の種類

　ビルトイン（組み込み）は、計算のためにあらかじめ組み込まれている記号や値のことです。ここでは基本的な数学演算子と比較演算子を紹介します。

■ 数学演算子

記号	意味
+	足し算
−	引き算
*	掛け算
/	割り算
^	べき乗
%	割ったときの余り

■ 比較演算子

記号	意味
==	等しい
>	より大きい
>=	以上
<	より小さい
<=	以下

数式の入力方法

📅 入社日	Σ 数式
2015年4月1日	
2016年10月1日	
2018年4月1日	
2020年10月1日	
2023年1月1日	
2024年4月1日	

❶データベースに数式プロパティを追加する

❷プロパティの入力欄をクリックする

Technique 140

期限までの日数をカウントしたい

「期限」という日付プロパティを使って、現在日時から期限までの日数をカウントしましょう。2つの日数の差を計算するには、`dateBetween()`を使用します。

期限までの日数を計算する

❶数式プロパティに以下の数式を入力する

```
dateBetween(期限, now(), "days")
```

意味 期限プロパティの日付から今の時刻「`now()`」までの日数「`"days"`」を表示する。

❷期限までの日数が表示される

MEMO
数式の`"days"`を`"hours"`に変更すると、期限までの時間を表示できます。

Technique 141

入社日からの経過年月を表示したい

「入社日」を日付プロパティで入力しておき、入社日から現在までの年月を表示します。2つの日時の時間差を計算するには、dateBetween()を使用します。

入社年数を計算する

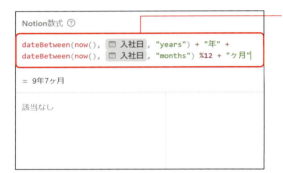

❶ 数式プロパティに以下の数式を入力する

```
dateBetween(now(), 入社日, "years") + "年" +
dateBetween(now(), 入社日, "months") %12 + "ヶ月"
```

意味 入社日プロパティから今までの経過年数と、入社日プロパティから今の経過月数を12ヶ月で割った残りの月数を、「+」でつなげて表示する。

❷ 入社日からの経過年月が表示される

MEMO
月の表示が不要な場合は、1行目末尾の「+」と2行目を削除してください。

Technique 142

誕生日から○歳と表示したい

「誕生日」を日付プロパティとして入力しておき、年齢を表示します。2つの日時の時間差を計算するには、`dateBetween()`を使用します。

年齢を計算する

❶ 数式プロパティに以下の数式を入力する

```
dateBetween(now(), 誕生日, "years") + "歳"
```

意味 今の時刻「`now()`」から誕生日プロパティの日付までの差を年数「`"years"`」で表示して、「歳」をつける。

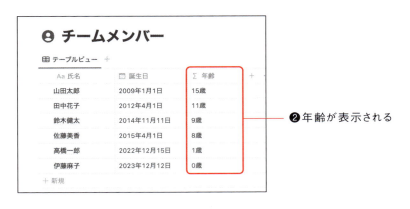

❷ 年齢が表示される

Technique 143

開始から終了までの日数を表示したい

「開始日」と「終了日」の2つの日付プロパティを使って、その期間の日数を表示します。もしくは、1つの日付プロパティに開始日と終了日を設定している場合でも期間の日数を表示することができます。

2つの日付プロパティから日数を計算する

❶ 数式プロパティに以下の数式を入力する

```
dateBetween(終了時間, 開始時間, "days") + "日間"
```

意味 「終了時間」と「開始時間」の日付プロパティの差を日数「"days"」で表示して、「日間」をつける。

❷ 日数が表示される

1つの日付プロパティに終了日を含む場合

日付プロパティに「終了日」を設定している場合の解説です。

❶ 数式プロパティに以下の数式を入力する

dateBetween(dateEnd(期間), dateStart(期間), "days") + "日間"

意味 日付プロパティ「期間」から開始日「dateStart()」と終了日「dateEnd()」の差を日数で表示して、「日間」をつける。

❷ 日数が表示される

Technique 144

現在までに過ぎた時間を可視化したい

現在までに、今年の何％の時間が経過したかを表示します。有限な時間を意識して、時間の使い方を考えるのに有効です。同様に、今日、今週、今月の経過時間についても数式をご紹介します。

今年の経過時間の割合を表示する

❶数式プロパティに以下の数式を入力する

```
floor( 100 *
        if(year(now()) % 4 == 0,
                toNumber(formatDate(now(),"DDD")) / 366,
                toNumber(formatDate(now(),"DDD")) / 365)
) / 100
```

意味 formatDate()の単位"DDD"で年の何日目かを割り出して、toNumber()で数値に変換する。条件if()で、現在の日時の年を4で割って余りが0の場合は、うるう年なので、年の何日目の値を366日で割り、うるう年でない場合は365日で割る。「floor(100 * 値) / 100」で、小数点2桁より下を切り捨てる。

❷今年の経過時間の割合が表示される

MEMO ここではプロパティの値をパーセント(%)とバーで表示しています（→P.113、114）。

今日／今週／今月の経過時間の割合を表示するには？

今日の経過時間

```
floor(100 * (hour(now()) + minute(now()) / 60) / 24) / 100
```

意味 現在の時間と、分を60分間で割った値を足して、24時間で割る。「floor(100 * 値) / 100」で、小数点2桁より下を切り捨てる。

今週の経過時間

```
floor(100 * day(now()) / 7) / 100
```

意味 現在の日時から曜日の「day()」を抜き出すと、月曜日は1、火曜日は2、日曜日は7となるので、1週間の7日間で割り、現在の曜日までの割合を算出する。「floor(100 * 値) / 100」で、小数点2桁より下を切り捨てる。

今月の経過時間

```
lets(
        YY,year(now()),
        MM,month(now()),
        DD,date(now()),

        floor( 100 *
                if(MM == 2,
                        if(YY % 4 == 0,
                                DD / 29,
                                DD / 28),
                        if(or(MM == 4, MM == 6, MM == 9, MM == 11),
                                DD / 30,
                                DD / 31)
                )
        ) / 100
)
```

意味 lets()で繰り返し使用する値を変数として定義する。年を「YY」、月を「MM」、日を「DD」とする。条件if()で、月が2月の場合で、年を4で割ったときの余りが0の場合は、うるう年なので29日間で割る。割り切れない場合は28日間で割る。or()で4、6、9、11月のいずれかの場合は30日間で割る。それ以外の場合は、31日間で割る。「floor(100 * 値) / 100」で、小数点2桁より下を切り捨てる。

Technique **145**

期限までの残り日数によって
アラートを出したい

タスクの日付プロパティ「期限」までの残り日数が7日以内になったら、「残り○日」というメッセージを表示します。期限を過ぎている場合は「○日超過」、ステータスが「完了」の場合は非表示にします。

期限までの残り日数を表示する

```
Notion数式 ⑦
let(DAYS, dateBetween( 期限 , now(), "days"),

  if(or( ステータス == "完了", DAYS >= 7), "",
    if( 期限 > now(),
      "残り" + (DAYS + 1) + "日➡️",
      -DAYS + "日超過✅")
  )
)
```

❶ 数式プロパティに以下の数式を入力する

```
let(DAYS, dateBetween(期限, now(), "days"),

        if(or(ステータス == "完了", DAYS >= 7), "",
                if(期限 > now(),
                        "残り" + (DAYS + 1) + "日➡️",
                        -DAYS + "日超過✅")
        )
)
```

意味 let()で、「期限」と現在の日数の差を変数「DAYS」とする。「ステータス」プロパティが「"完了"」、または、期限が7日より先の場合は、「""」で空白にする。それ以外の場合は、期限が今日より先なら「残り○日」と表示し、期限が今日以前なら、DAYSをマイナスとプラスを変換して「○日超過」表示する。

⊞ テーブルビュー ＋			
Aa タスク	☼ ステータス	🗓 期限	∑ 7日間以内のタスク
アウトラインを作成する	● 完了	2024年1月5日	
キャラクターの設定を決める	● 進行中	2024年1月6日	2日超過✅
下書きを書く	● 未着手	2024年1月7日	1日超過✅
本のタイトルを決定する	● 未着手	2024年1月8日	0日超過✅
キャラクターの関係図を作成する	● 未着手	2024年1月9日	残り1日➡️
本の表紙デザインを考える	● 未着手	2024年1月10日	残り2日➡️
キャラクターの背景を考える	● 進行中	2024年1月11日	残り3日➡️

❷ 期限までの残り日数が表示される

Technique 146

期限を過ぎたら「期限超過」と表示したい

タスクの日付プロパティ「期限」が過ぎてしまった場合に、「期限超過」というメッセージを表示して知らせます。なお、ステータスが「完了」になった場合は非表示にします。

期限を過ぎたらメッセージを表示する

```
Notion数式 ⑦                                              完了
if( ステータス  == "完了" , "" ,
  if(formatDate( 期限日 , "L") <  formatDate(now(), "L"), "✗期限超過", "")
)|

=
```

❶数式プロパティに以下の数式を入力する

```
if(ステータス == "完了", "",
        if(formatDate(期限日, "L") <  formatDate(now(), "L"),
"✗期限超過", "")
)
```

意味 ステータスが「"完了"」の場合は、「""」で空白にする。完了以外の場合は、期限が現在「now()」よりも前の場合は「期限超過」と表示する。

❷「期限超過」と表示される

Technique **147**

今日のタスクに自動的に
マークを付けたい

タスクの日付プロパティが今日のタスクを目立つように、チェックマークを入れます。「今日のタスク」といったメッセージを表示することもできます。

今日のタスクにチェックマークをつける

Notion数式 ⑦

```
formatDate( 日付 , "L") == formatDate(now(), "L")
```

= ☐

❶数式プロパティに以下の数式を入力する

```
formatDate(日付, "L") == formatDate(now(), "L")
```

意味 formatDate()で「日付」プロパティの年月日「"L"」と現在の時間「now()」の年月日「"L"」が同じ（==）であれば、Trueとしてチェックボックスにチェックを入れる。

☑ タスク

⊞ テーブルビュー +

Aa タスク	☼ ステータス	📅 日付	∑ 今日のタスク	+ ⋯
アウトラインを作成する	● 完了	2024年1月5日	☐	
キャラクターの設定を決める	● 進行中	2024年1月6日	☐	
目次を作成する	● 未着手	2024年1月7日	☐	
下書きを書く	● 未着手	2024年1月8日	☑	
表紙デザインを考える	● 未着手	2024年1月9日	☐	
本の出版社を決定する	● 未着手	2024年1月10日	☐	
本のタイトルを決定する	● 未着手	2024年1月11日	☐	
+ 新規				

❷本日のタスクにチェックが入る

本日のタスクにメッセージを表示する

```
Notion数式 ⑦                                          完了
if(formatDate( 日付 , "L") == formatDate(now(), "L"), "✅今日のタスク", "")

=

該当なし
```

❶数式プロパティに以下の数式を入力する

if(formatDate(日付, "L") == formatDate(now(), "L"), "✅今日のタ
スク", "")

意味 条件if()で、formatDate()で「日付」プロパティの年月日「"L"」と現在の時間
「now()」の年月日「"L"」が同じ(==)であれば、「今日のタスク」と表示する。同じでない場
合は、「""」で空白にする。

☑ タスク

⊞ テーブルビュー ＋

Aa タスク	☀ ステータス	🗓 日付	Σ 今日のタスク	＋ ⋯
アウトラインを作成する	● 完了	2024年1月5日		
キャラクターの設定を決める	● 進行中	2024年1月6日		
目次を作成する	● 未着手	2024年1月7日		
下書きを書く	● 未着手	2024年1月8日	✅今日のタスク	
表紙デザインを考える	● 未着手	2024年1月9日		
本の出版社を決定する	● 未着手	2024年1月10日		
本のタイトルを決定する	● 未着手	2024年1月11日		

＋ 新規

計算 ⌄

❷日付が今日の場合
は、「今日のタスク」
と表示される

6章 ── データベースの数式[条件判定]

Technique 148

今月誕生日の人に自動的にマークを付けたい

　誕生日が今月の人にメッセージを表示して目立つようにします。ここでは、P.221で紹介した数式に誕生月のお知らせのメッセージを追加で表示させます。

誕生月のお知らせメッセージを表示する

❶ 数式プロパティに以下の数式を入力する

```
dateBetween(now(), 誕生日, "years") + "歳" +
if(month(誕生日) == month(now()), "🔴 今月が誕生日です","")
```

意味 ○歳に「＋」でつなげて、「誕生日」プロパティの○月が現在と同じであれば「🔴 今月が誕生日です」と表示する。

❷ 年齢と、今月お誕生日の人にメッセージが表示される

Technique 149

条件によって「合格」「がんばりましょう」と表示したい

　テストの点数によって、80−100点は「合格」、60−79点は「惜しい」、59点以下は「がんばりましょう」と表示します。

点数によってメッセージを表示する

❶ 数式プロパティに以下の数式を入力する

```
if(点数 >= 80, "✅合格",
    if(点数 >= 60, "⚠️惜しい", "⭕がんばりましょう")
)
```

意味　「点数」プロパティが80点以上であれば、「合格」と表示する。それ未満の場合は、60点以上であれば「惜しい」、その他であれば「がんばりましょう」と表示する。

❷ 点数によってメッセージが表示される

Technique 150

条件によってデータを色分けしたい

style()を使うと文字に色をつけることができます。ここでは、曜日が土曜日の場合は青字、日曜日の場合は赤字にして、月～金と区別しやすくします。

曜日によって色をつける

```
Notion数式 ⑦

lets(
  DAY, formatDate( 日付 , "d"),
  DDD, formatDate( 日付 , "ddd"),

  if(DAY == "0", style(DDD, "red"),
    if(DAY == "6", style(DDD, "blue"), DDD)
  )
)|
```

❶数式プロパティに以下の数式を入力する

```
lets(

        DAY, formatDate(日付, "d"),
        DDD, formatDate(日付, "ddd"),

        if(DAY == "0", style(DDD, "red"),
                if(DAY == "6", style(DDD, "blue"), DDD)
        )
)
```

意味 lets()を使って、「日付」プロパティの曜日の値「"d"」(日曜日が0～土曜日が6)を変数「DAY」として、曜日「"ddd"」(日～土)を「DDD」とする。
条件if()で「DAY」が日曜日「"0"」ならば、style()で「DDD」を赤文字、土曜日「"6"」ならば青文字、それ以外は曜日(DDD)を標準の黒文字で表示する。

❷曜日に合わせて色分けされる

⊞ テーブルビュー ＋			
Aa タスク	⚙ ステータス	🗓 日付	∑ 曜日
レポート提出	● 完了	2024年1月1日	月
登壇資料の作成	● 進行中	2024年1月2日	火
キックオフ打ち合わせ	● 未着手	2024年1月3日	水
レポート提出	● 未着手	2024年1月4日	木
登壇資料の作成	● 未着手	2024年1月5日	金
ワークショップ	● 未着手	2024年1月6日	土
バーベキューパーティー	● 未着手	2024年1月7日	日

MEMO

色は、gray, brown, orange, yellow, green, blue, purple, pink, redから選択できます。背景色を変えたい場合は、_backgroudをつけて、"red_background"のよう入力します。

Technique 151

日付から曜日を表示したい

日付プロパティを参照して、その日が何曜日かを表示します。表示形式は、月、火、水…や月曜日、火曜日、水曜日…と好みに合わせて表示できます。

日付から曜日を表示する

❶数式プロパティに以下の数式を入力する

formatDate(日付, "ddd")

意味 formatDate()で「日付」プロパティから曜日「"ddd"」を表示する。

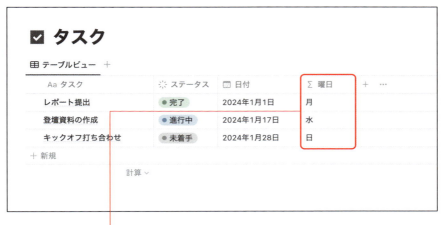

❷曜日が表示される

MEMO
「"ddd"」だと月、火、水…、「"dddd"」だと月曜日、火曜日、水曜日…と表示されます。

6章 —— データベースの数式［日付の加工］

Technique 152

日付＋曜日を1つのプロパティに表示したい

　日付と曜日を1つのプロパティに表示したい場合は、日付プロパティを参照して数式プロパティに表示します。

1つのプロパティに日付と曜日を表示する

❶数式プロパティに以下の数式を入力する

```
formatDate(日付, "YYYY/MM/DD(ddd)")
```

意味 formatDate()を使って、「日付」プロパティから年「YYYY」、月「MM」、日「DD」、曜日「ddd」を表示させる。

❷日付と曜日が1つのプロパティに表示される

POINT
編集用と確認用のビューに分ける

この例は日付の表示が2つあるので、日付プロパティを非表示にすると見やすくなります（→P.153）。ただし、日付を変更するときは日付プロパティを操作する必要があります。その場合は日付プロパティを表示する「編集用」のビューを別途用意するといいでしょう。

Technique 153

四半期(Q1〜4)を表示したい

　日付から、月(1〜12)や四半期(Q1〜4)を表示したい場合は、`formatDate()`を使って表示することができます。

日付から月や四半期を表示する

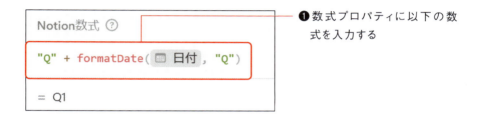

❶数式プロパティに以下の数式を入力する

`"Q" + formatDate(日付, "Q")`

意味 `formatDate()`で「日付」プロパティから四半期「"Q"」を表示させる。「+」でつなげて「"Q"」を表示させる。

❷四半期が表示される

4月始まりの四半期を表示する

Notion数式 ⓘ

`"Q" + if(month( 📅 日付 ) <= 3, 4, (toNumber(formatDate( 📅 日付 , "Q")) - 1))`

❶ 数式プロパティに以下の数式を入力する

```
"Q" + if(month(日付) <= 3, 4, (toNumber(formatDate(日付, "Q")) - 1))
```

意味 条件 if() で、「日付」プロパティが3月以下であれば「4」、それ以外であれば formatDate() で四半期「"Q"」を表示させた値から1を引いて表示させる。「+」でつなげて「"Q"」を表示させる。

年間スケジュール

タスク	ステー…	日付	四半期（4月始まり）
1月の目標と振り返り	● 完了	2024年1月31日	Q4
2月の目標と振り返り	● 完了	2024年2月29日	Q4
3月の目標と振り返り	● 完了	2024年3月31日	Q4
4月の目標と振り返り	● 完了	2024年4月30日	Q1
5月の目標と振り返り	● 完了	2024年5月31日	Q1
6月の目標と振り返り	● 完了	2024年6月30日	Q1
7月の目標と振り返り	● 進行中	2024年7月31日	Q2

POINT

四半期の活用例

四半期を表示しておくと、フィルター(→P.134)を使って特定の四半期のアイテムだけ抽出したり、グループ化(→P.142)して四半期ごとに表示する、といったことに活用できます。

Technique **154**

数値を 四捨五入／切り上げ／切り捨てしたい

　小数点以下を四捨五入して整数で表示したい場合は、round( )を使います。同じ方法で数値を切り上げしたり、切り捨てすることも可能です。

四捨五入して整数で表示したい

Notion数式 ⑦

round(100 ＊ 実行回数 ／ 目標回数) /100

= 97%

該当なし

❶ 数式プロパティに以下の数式を入力する

MEMO
四捨五入はround( )、切り上げはceil( )、切り捨てはfloor( )を使います。

round(100 ＊ 実行回数 ／ 目標回数) /100

意味 「実行回数」を「目標回数」で割り100をかけた値をround( )で四捨五入する。値を％形式で表示したいため、100で割る。

トレーニング

⊞ テーブルビュー ＋

Aa 名前	# 目標回数	# 実行回数	∑ 達成率	＋ ···
腹筋	60	58	97%	
腕立て伏せ	30	47	157%	
スクワット	70	50	71%	
＋ 新規				

❷ 小数点以下が四捨五入されて表示される

MEMO
数式の形式はP.113の方法で「パーセント」で表示しています。

6章 ── データベースの数式［数値の加工］

Technique 155

消費税込みの数値を表示したい

　税抜き価格に10%の消費税を掛けて税込価格にします。`multiply()`を使っても掛け算することができますが、「*」を使うとかんたんです。

税抜き価格から税込価格を計算する

❶数式プロパティに以下の数式を入力する

税抜き価格 * 1.1

意味 税抜き価格に1.1を掛ける。

❷税込価格が表示される

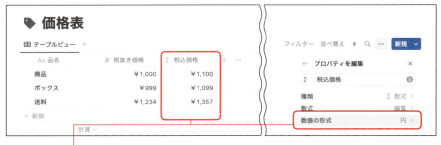

❸数式の形式を「円」にすると、小数点以下は四捨五入されて表示される

Technique 156

チェックを入れた数から達成度を表示したい

チェックボックスのチェックの有無から達成率を表示することができます。ここでは、日々の習慣を記録するチェックボックスを使って達成率を算出します。

チェックの有無で達成率を表示する

❶ 数式プロパティに以下の数式を入力する

```
floor(100 *
        (if(筋トレ, 1, 0) +
         if(ランニング, 1, 0) +
         if(英会話, 1, 0)
        ) / 3) /100
```

意味 チェックがあるものは1、ないものは0とする。すべての値を「+」で足して、プロパティ数（3）で割る。floor()を使って値の小数点2桁より下を切り捨てる。

❷ 達成率が表示される

MEMO
数式の形式を「パーセント」、表示方法を「リング」にしています（→P.113、114）。

Technique 157

チェックボックスでデータの表示／非表示を切り替えたい

チェックボックスにチェックを入れるとテキストを表示し、チェックを外すとテキストを非表示にするプロパティを作成します。クイズ用に使ったり、英単語の学習用として使ったりすることができます。

チェックの有無で表示と非表示を切り替える

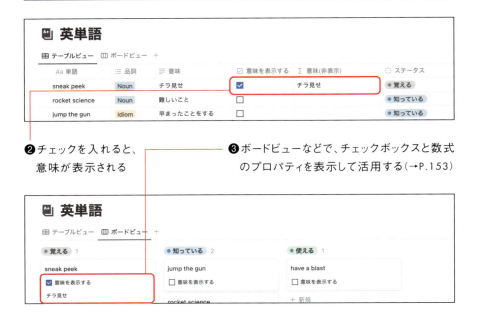

❶ 数式プロパティに以下の数式を入力する

`if(意味を表示する, 意味, "")`

意味「意味を表示する」プロパティにチェックが入っている場合は、「意味」プロパティを表示する。チェックがない場合は表示しない。

❷ チェックを入れると、意味が表示される

❸ ボードビューなどで、チェックボックスと数式のプロパティを表示して活用する（→P.153）

Technique 158

文章の文字数をカウントしたい

length()を使うと、プロパティの文字数を自動的にカウントすることができます。SNS用の文章など、文字数に制限がある場合にかんたんにチェックできて便利です。

テキストの長さをカウントしたい

❶数式プロパティに以下の数式を入力する

```
length(商品説明)
```

意味 「商品説明」プロパティの長さを返す。

❷テキストの長さが表示される

Technique 159

センチメートルなどの単位を変換したい

海外に商品を展開している場合、長さの単位を複数表示できると便利です。ここではセンチメートル（cm）の単位を、メートル（m）、フィート（ft）、インチ（inchi）に自動変換する数式を作成します。

単位を自動的に変換する

Notion数式 ⑦

`cm / 100`

= 0.25

❶数式プロパティに以下の数式を入力する

メートルに変換: `cm / 100`
フィートに変換: `round(10 * cm / 30.48) / 10`
インチに変換: `round(10 * cm / 2.54) / 10`

意味 1メートルは100cm、1フィートは30.48cm、1インチは2.54cmなので、cmプロパティの数値をそれぞれの値で割る。フィートとインチはround()で四捨五入する。

田 単位

田 テーブルビュー ＋

Aa 名前	# cm	Σ m	Σ ft	Σ inch
A	25	0.25	0.8	9.8
B	26	0.26	0.9	10.2
C	150	1.5	4.9	59.1
D	178	1.78	5.8	70.1
E	195	1.95	6.4	76.8

＋ 新規

❷メートル、フィート、インチの値が表示される

Technique 160

YouTubeのアドレスから
サムネイルを表示したい

ギャラリービューやボードビューのカードプレビューに、YouTube動画のサムネイルを表示します。数式プロパティでサムネイルのURLを作成し、それをファイル＆メディアプロパティに設定します。

YouTube動画のサムネイルを表示する

❶URLプロパティにYouTube動画のURLをコピペする

❷数式プロパティに以下の数式を入力する

ギャラリービューを作成し、ページを開いておきます。

```
replace(URL, "[^]+/(watch.v=|)([^#&]*)(.*|)", "https://img.youtube.com/vi/$2/maxresdefault.jpg")
```

意味 replace()で、URLプロパティから動画IDを正規表現で検索し、サムネイル表示用のURLに挿入する

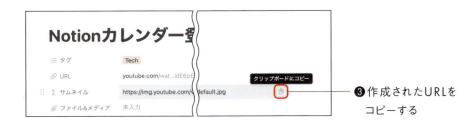

❸作成されたURLをコピーする

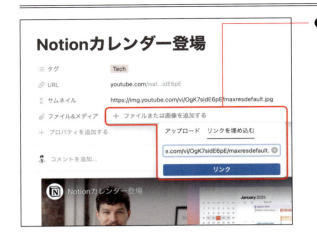

❹ファイル&メディアプロパティを追加して、コピーしたリンクを埋め込む

❺「•••」→「レイアウト」をクリックする

❻カードプレビューでファイル&メディアプロパティを選択する

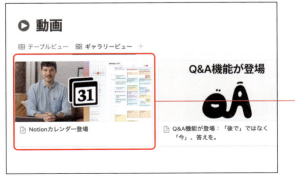

❼動画のサムネイルがプレビュー表示される

第 **7** 章

オートメーション

Technique 161

オートメーションとは？

オートメーションは一連の操作を自動化する機能です。1つのトリガーをきっかけとして、一連のアクションが自動的に行われるため、時間の節約や、作業ミスの削減に活用できます。

トリガーとアクション

オートメーションでは、「○○が発生した場合に○○を実行する」という指示をします。この「○○が発生した場合」を「トリガー」、「○○を実行する」を「アクション」と言います。1つのトリガーに対して、一連のアクションをまとめて自動的に実行させることができます。

例えば、以下のように使用できます。

- ボタンをクリックしたら（トリガー）、データベースにページを追加する（アクション）
- プロパティを更新したら（トリガー）、Slackに通知する（アクション）

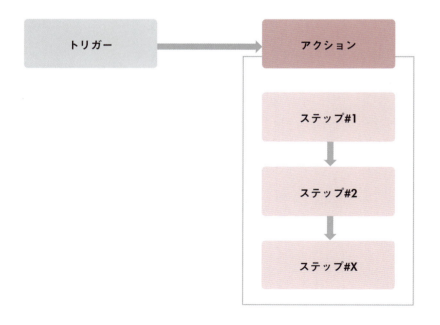

オートメーションの3種類

Notionでは、オートメーションを使用する方法として、「ボタンブロック」、「データベースボタン」、「データベースオートメーション」の3つがあります。

- **ボタンブロック**：ページに配置するブロックの1つ。ボタンをクリックすることで、ボタンの前後に別のブロックを追加したり、特定のデータベースにページを追加・編集したりできる。
- **データベースボタン**：データベースのプロパティの1つで、データベースのアイテムにボタンが表示される。ボタンをクリックすると、現在操作中のアイテムのプロパティを編集したり、別のデータベースのアイテムを編集したりできる。
- **データベースオートメーション**：データベースに設定する。データベースのページ追加やプロパティ変更をトリガーとして、別のプロパティを編集したり、Notion通知やSlack通知をしたりできる。

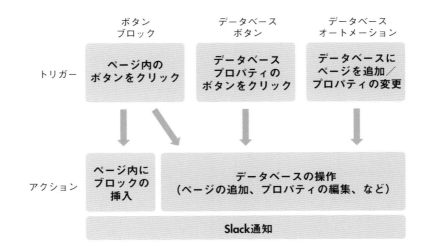

Technique 162

ボタンブロックの作り方

ボタンブロックは、「/button」または「；ボタン」と入力して挿入し、ボタンをクリックしたときのアクションを設定します。アクションにはいくつかの種類があるほか、ボタンの色も変更できます。

ボタンブロックを作成する

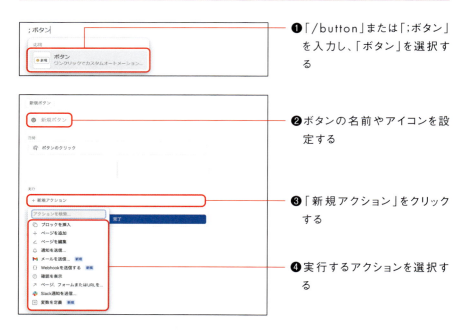

❶「/button」または「；ボタン」を入力し、「ボタン」を選択する

❷ボタンの名前やアイコンを設定する

❸「新規アクション」をクリックする

❹実行するアクションを選択する

- **ブロックを挿入**：ボタンの上または下にブロックを挿入する。
- **ページを追加**：選択したデータベースにページを追加。プロパティも設定可能。
- **ページを編集**：選択したデータベースのページを編集する。すべてのページ、または、設定したフィルターに合致するページのみを編集するかを選択する。
- **通知を送信**：Notionの通知を送信する。
- **メールを送信**：Gmailアカウントからメールを送信する。
- **確認を表示**：間違った操作を防ぐための確認画面を表示する。
- **ページ、フォームまたはURLを選択**：選択したページやフォーム、URLを開く。オートメーション内で作成したページを開くこともできる。

- **Slack 通知を送信**：Slack に通知を送信する。
- **変数を定義**：メンションや、関数を使った数式を記述できる。

※データベース内のページにボタンを配置する場合は、「プロパティを編集」も選択可能。

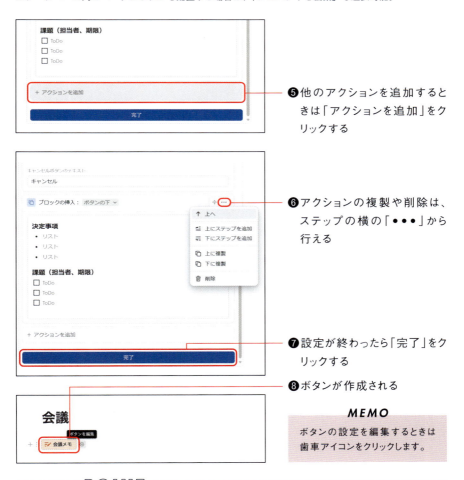

❺他のアクションを追加するときは「アクションを追加」をクリックする

❻アクションの複製や削除は、ステップの横の「•••」から行える

❼設定が終わったら「完了」をクリックする

❽ボタンが作成される

MEMO
ボタンの設定を編集するときは歯車アイコンをクリックします。

POINT

ボタンの色やアイコンを変更するには？

ボタンブロックの[⋮⋮]をクリックし、「カラー」または「アイコン」を選択すると、ボタンの色やアイコンを変更することができます。

249

Technique 163

メモ用のブロックを一括で作成したい

ボタンブロックを使用して、ミーティングのメモに必要な項目を一度に作成します。繰り返し作成する作業を省略できるので、業務効率化におすすめです。

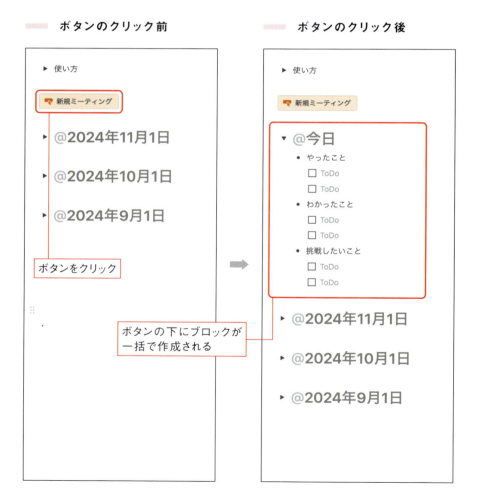

ミーティングメモのボタンを作成する

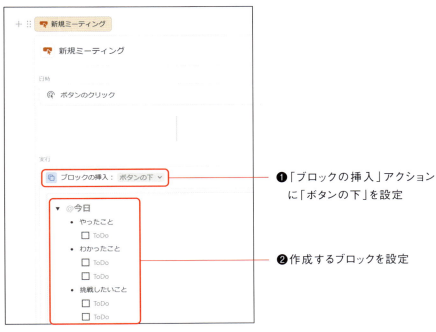

❶「ブロックの挿入」アクションに「ボタンの下」を設定

❷作成するブロックを設定

POINT

作成日が見出しになるように設定する

見出しは、@マークを入力し、「今日 - 複製時に表示する日付」を選択すると、ボタンをクリックした日付で作成されます。

7章 ── オートメーション［ボタンブロック］

Technique 164

データベースに開始＆終了時間を記録したい

ボタンブロックを使用して、特定のデータベースに対してタスクの開始と終了時間を記録します。ステータスプロパティも自動で編集することができます。

作例の動きを見てみよう

ボタンのクリック前

ボタンのクリック後

習慣記録の開始と終了ボタンを作成する

事前準備

【用意するプロパティ】
- 開始時間：日付プロパティ
- 終了時間：日付プロパティ
- ステータス：ステータスプロパティ

【用意するデータベースのテンプレート】
- タイトル：筋トレをする

開始ボタンの作成

❶「ページを追加」アクションに、ページを追加するデータベースと、ページのテンプレートを設定
❷「開始時間」プロパティに、「トリガーされた時間」を設定
❸「ステータス」プロパティに、「進行中」を設定

終了ボタンの作成

❶「ページを編集」アクションに、ページを編集するデータベースと、条件「ステータス」が「進行中」「と一致」を設定
❷「終了時間」プロパティに、「トリガーされた時間」を設定
❸「ステータス」プロパティに、「完了」を設定

Technique 165

データベースボタンの作り方

　データベースボタンは、データベースのプロパティとして作成します。ページの追加、プロパティの変更、Slack通知の送信などを設定することができます。

データベースボタンを作成する

❶プロパティを作成して、「ボタン」を選択する

❷プロパティの名前やアイコンを設定する

❸「オートメーションを編集する」をクリックする

❹ボタンに表示する名前を入力する

❺「新規アクション」をクリックする

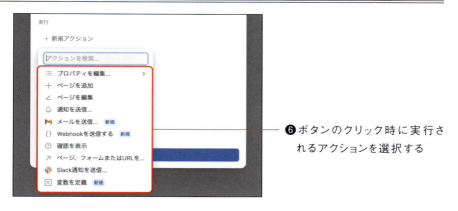

❻ボタンのクリック時に実行されるアクションを選択する

- **プロパティを編集**：データベース内のページのプロパティを編集する。
- **ページを追加**：選択したデータベースに新規ページを追加する。データベースは現在開いているデータベースでも、別のデータベースでも選択可能。
- **ページを編集**：選択したデータベース内のページのプロパティを編集する。すべてのページ、または、設定したフィルターに合致するページのみを編集するかを選択する。
- **通知を送信**：Notionの通知を送信する。
- **メールを送信**：Gmailアカウントからメールを送信する。
- **確認を表示**：確認画面を表示する。
- **ページ、フォームまたはURLを選択**：選択したデータベースのページを開く。オートメーション内で作成したページを開くこともできる。
- **Slack通知を送信**：Slackに通知を送信する。
- **変数を定義**：メンションや、関数を使った数式を記述できる。

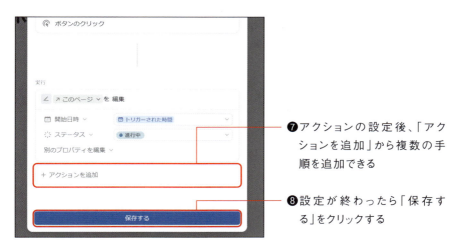

❼アクションの設定後、「アクションを追加」から複数の手順を追加できる

❽設定が終わったら「保存する」をクリックする

Technique 166

投票ボタンを作成したい

　データベースのボタンプロパティを使用すると、ボタンのクリック操作でかんたんに投票を行うことができます。投票したメンバー名や投票者数を表示することも可能です。

作例の動きを見てみよう

ボタンのクリック前

ボタンのクリック後

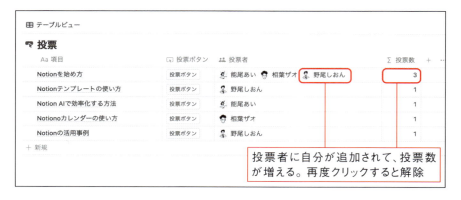

投票ボタンを作成する

事前準備

【必要なプロパティ】
- 項目：タイトルプロパティ
- 投票ボタン：ボタンプロパティ
- 投票者：ユーザープロパティ、無制限
- 投票数：数式プロパティ「投票者.length()」

投票ボタンの作成

❶「ページを編集」アクションに、「このページ」を設定

❷「投票者」プロパティに、「切り替え」「クリックしたユーザー」を設定

POINT
「切り替え」に設定する理由

ユーザープロパティの操作は、置換、追加、削除、切り替えのオプションから選択できます。今回は、クリックすると追加され、もう一度クリックすると削除されるようにしたいので「切り替え」を選択します。

Technique **167**

承認フローを作成したい

データベースのボタンプロパティを使って承認フローを作成します。承認者、日付、ステータスなどを自動的に入力することで、事務処理の時間を短縮して、スムーズに処理を進められます。

作例の動きを見てみよう

■ ボタンのクリック前

■ ボタンのクリック後

承認ボタンをつくる

事前準備

【必要なプロパティ】
- 承認：ボタンプロパティ
- 却下：ボタンプロパティ
- 承認者：ユーザープロパティ（制限：1ユーザー）
- 承認日：日付プロパティ
- ステータス：ステータスプロパティ（未申請、申請中、承認、却下）

承認ボタンの作成

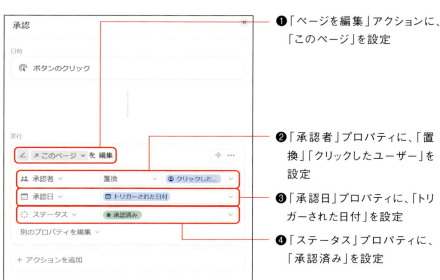

❶「ページを編集」アクションに、「このページ」を設定

❷「承認者」プロパティに、「置換」「クリックしたユーザー」を設定

❸「承認日」プロパティに、「トリガーされた日付」を設定

❹「ステータス」プロパティに、「承認済み」を設定

却下ボタンの作成

❶「確認を表示」アクションに、確認メッセージとボタン名を設定

❷「ページを編集」アクションに、「このページ」を設定

❸「承認者」プロパティに、「置換」「クリックしたユーザー」を設定

❹「承認日」プロパティに、「トリガーされた日付」を設定

❺「ステータス」プロパティに、「却下」を設定

> **POINT**
>
> **却下理由の入力を促すメッセージ**
>
> この作例では、「確認を表示」アクションを使って、却下ボタンを押すと却下理由の入力を促すメッセージを表示させています。

Technique 168

データベースオートメーションの作り方

データベースオートメーションは、データベースに対して設定します。ページ追加やプロパティ変更をトリガーとして、別のプロパティの編集やNotion通知やSlack通知などのアクションを設定します。

データベースオートメーションを作成する

❶データベースの「•••」をクリックする

MEMO
データベースオートメーションは、基本的にプラスプラン以上向けの機能です。フリープランの場合、「Slack通知の送信」のみ設定可能です。

❷「オートメーション」を選択する

❸オートメーションの名前を入力する

❹操作対象のデータベースを選択する

❺「新規トリガー」をクリックする

POINT
オートメーションの実行タイミング

データベースオートメーションはトリガーを実行して、3秒間経過するとアクションが実行されます。3秒間経過する前にトリガーを取り消すと、アクションは実行されません。

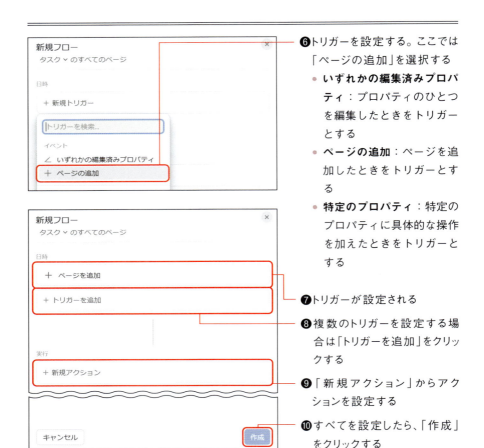

❻ トリガーを設定する。ここでは「ページの追加」を選択する
- **いずれかの編集済みプロパティ**：プロパティのひとつを編集したときをトリガーとする
- **ページの追加**：ページを追加したときをトリガーとする
- **特定のプロパティ**：特定のプロパティに具体的な操作を加えたときをトリガーとする

❼ トリガーが設定される

❽ 複数のトリガーを設定する場合は「トリガーを追加」をクリックする

❾「新規アクション」からアクションを設定する

❿ すべてを設定したら、「作成」をクリックする

オートメーションを編集する

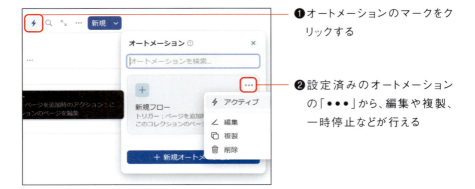

❶ オートメーションのマークをクリックする

❷ 設定済みのオートメーションの「•••」から、編集や複製、一時停止などが行える

Technique 169
ステータス変更と作業時間の記録を連動したい

「ステータス」を変更することで、開始時間または終了時間を入力するオートメーションを作成します。「進行中」にすると「開始時間」が入力されて、「完了」にすると「終了時間」が入力されます。

作例の動きを見てみよう

オートメーションの実行前

オートメーションの実行後

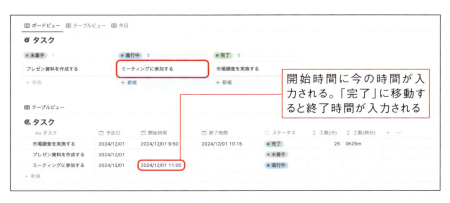

開始&終了時間入力のオートメーションを作成する

事前準備

【用意するプロパティ】
- 開始時間：日付プロパティ
- 終了時間：日付プロパティ
- ステータス：ステータスプロパティ（未着手、進行中、完了）

MEMO
ここでは1つのデータベースをリンクドビューで2つ表示しています。上がボードビュー、下がテーブルビューです。

開始フローの作成

❶トリガーとして、「ステータス」を「In progress」（進行中）にしたときを設定

❷アクションとして、「開始時間」プロパティに「トリガーされた時間」を設定

終了フローの作成

❶ 新規オートメーションを追加

❷ トリガーとして、「ステータス」を「Complete」(完了)にしたときを設定

❸ アクションとして、「終了時間」プロパティに「トリガーされた時間」を設定

取り消しフローの作成

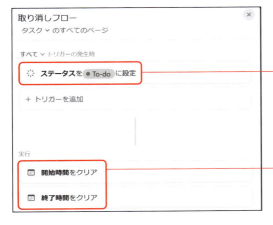

❶ 新規オートメーションを追加

❷ トリガーとして、「ステータス」を「To-do」(未着手)にしたときを設定

❸ アクションとして、「開始時間をクリア」「終了時間をクリア」を設定

POINT

日付を「クリア」にする設定方法

日付をクリアする場合は、「日付を選択」をクリックして、「クリア」を選択します。

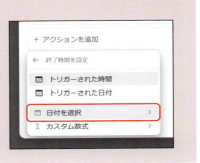

Technique **170**

タスクのカテゴリーと担当者を紐づけて入力したい

カテゴリーを選択すると、カテゴリーの担当者にタスクが割り当てられるようにします。「開発」ならAさん、「AI」ならBさん、というようにあらかじめ指定したユーザーに割り当てます。

作例の動きを見てみよう

オートメーションの実行前

```
田 テーブルビュー

☑ タスク          カテゴリーを割り当てる
   Aa タスク          ⊙ カテゴリ    ☼ ステータス    ☷ 担当者
   エンジニア候補者の面談をする    開発        ● 未着手        🙂 相葉ザオ
   AI勉強会の開催をする                    ● 未着手
   AIの事例を紹介する                      ● 未着手
   ＋ 新規
```

⬇

オートメーションの実行後

```
田 テーブルビュー

☑ タスク                    カテゴリーに紐づけられた
                           担当者が割り当てられる
   Aa タスク          ⊙ カテゴリ    ☼ ステータス    ☷ 担当者
   エンジニア候補者の面談をする    開発        ● 未着手        🙂 相葉ザオ
   AI勉強会の開催をする        AI         ● 未着手        😺 能尾あい
   AIの事例を紹介する                      ● 未着手
   ＋ 新規
```

カテゴリー変更で担当者を割り当てる

事前準備

【用意するプロパティ】
- カテゴリー：セレクトプロパティ
- 担当者：ユーザープロパティ

カテゴリーに担当者を紐づける

❶ トリガーとして、「カテゴリー」を「開発」にしたときを設定

❷ アクションとして、「担当者」プロパティに特定のユーザーを設定

MEMO
別のカテゴリーも同様にユーザーを設定します。

POINT
担当者にメッセージを通知する

オートメーションで「ステータスを編集したとき」(トリガー)に「担当者に通知を送信」(アクション)を設定すると、タスクを割り当てられた担当者にNotionの通知を送信できます。

Technique **171**

タスクを追加したら Slackに通知したい

データベースオートメーションを使って、データベースに新規タスクが追加されたらSlackに通知されるように設定します。

Slack通知のオートメーションを作成する

❶トリガーとして、「ページの追加」を設定

❷アクションとして、「担当者」プロパティに特定のユーザーを設定（任意）

❸アクションとして、「Slack通知を送信」を選択し、通知先Slackチャンネルを設定

MEMO
あらかじめSlackを接続しておく必要があります（→P.202）。

ページを作成すると、Slackの指定したチャンネルに通知が送信される

7章 — オートメーション［DBオートメーション］

第 **8** 章

構 造 化 と デ ザ イ ン

階層ごとに見出しを作成したい

セクションごとに見出しをつけると、コンテンツの構成を一目で把握することができます。見出しのサイズは3種類あり、フォントが大きい順に「見出し1」「見出し2」「見出し3」となります。

見出し1を作成する

❶ 半角の「#」+「スペース」と入力する

MEMO
全角入力でも作成できます。その場合は「スペース」は不要です。

MEMO
見出し1は「#」、見出し2は「##」、見出し3は「###」と入力します。

❷「見出し1」が作成される

MEMO
- スラッシュコマンド:「/h1、/h2、/h3」または「;見出し1/2/3」
- ショートカットキー:Ctrl（command）+Shift（option）+1/2/3

開閉できるトグル見出しを作成したい

見出しにはトグルタイプの見出しもあります。トグルにすると、見出し内のコンテンツを表示と非表示を一瞬で切り替えることができます。

見出しをトグルに変換する

❶ 半角の「#」+「スペース」を入力し、見出し1を作成する

MEMO
見出し1は「#」、見出し2は「##」、見出し3は「###」と入力します。

❷ 「>」+「スペース」を入力する

MEMO
全角入力でも作成できます。その場合は「スペース」は不要です。

❸ 「トグル見出し1」に変換される

MEMO
- スラッシュコマンド:「/toggleh1/2/3」または「:トグル見出し1/2/3」

Technique 174

開閉できるコンテンツを作成したい

トグルリストを使うと、コンテンツの表示と非表示を一瞬で切り替えることができます。コンテンツをトグル内に入れて非表示にすると、見た目がシンプルになりページ全体が見やすくなります。

トグルリストを作成する

❶「>」+「スペース」を入力する

MEMO
全角入力の場合は「スペース」は不要です。また、「/togglelist」または「;トグルリスト」コマンドでも作成できます。

❷トグルリストが作成されるので、中身を入力する

❸「▼」または「▶」をクリックして開閉する

MEMO
Ctrl+Alt+T（command+option+T）キーを押すと、ページ内のすべてのトグルを一斉に開閉できます。

Technique 175

区切り線を引きたい

　コンテンツを明示的にセクションに分けたり、ページ構成を見やすくしたいときには区切り線が便利です。「/div」などのコマンドも使えますが、「---」(半角ハイフン3つ)を入力するのがかんたんです。

区切り線を追加する

❶「---」(半角ハイフン3つ)を入力する

MEMO
「/div」または「;区切り線」コマンドでも追加できます。

❷区切り線が追加される

Technique 176

見出しの一覧を目次として表示したい

　見出し1、2、3をつけたドキュメントを作成したら、「目次」ブロックを追加すると便利です。目次を見れば内容を俯瞰できますし、目次をクリックすれば読みたいコンテンツまでジャンプすることもできます。目次ブロックは「/toc」または「；目次」コマンドで追加できます。

目次ブロックを追加する

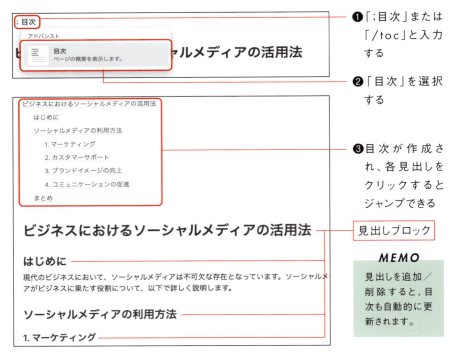

❶「；目次」または「/toc」と入力する

❷「目次」を選択する

❸目次が作成され、各見出しをクリックするとジャンプできる

見出しブロック

MEMO
見出しを追加／削除すると、目次も自動的に更新されます。

POINT

目次を見た目を工夫する

目次ブロックはコールアウト内に配置すると枠で囲まれるので（→P.294）、本文と区別できておすすめです。また、トグルリスト内に配置して開閉できるようにすることもできます。

Technique 177

パンくずリストを作成したい

「階層リンク」ブロックを利用すれば、今いるページがワークスペース内のどこに位置しているかを示すことができます。「/bread」または「；階層」で追加できます。

階層リンクを追加する

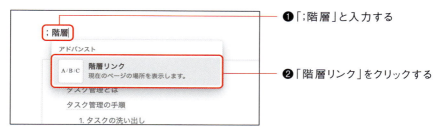

❶「；階層」と入力する

❷「階層リンク」をクリックする

❸ 今いるページの階層リンクが表示される

MEMO
各階層をクリックすると、そのページに移動します。

Technique 178

ページの余白を減らして広くしたい

ページにはデフォルトで、コンテンツの左右に余白のスペースが存在します。この余白を狭くして、コンテンツの幅を広げることができます。

ページの余白を縮小する

❶ページの右上の「•••」→「左右の余白を縮小」をオンにする

❷ページの左右の余白が縮小される

Technique 179

すべての文字の書体を変更したい

フォントは、3種類から選んで表示することができます。記事やニュースの公開にはSerif、下書きやメモにはMonoなど用途によってフォントを使い分けると、いつもと少し違う雰囲気にすることができます。

フォントのスタイルを変更する

❶ページの右上の「•••」をクリックする

❷フォントのスタイルを選択する

MEMO
フォントのスタイルは、ページごとに設定する必要があります。

デフォルト

タスク管理とは

タスク管理とは、個人やチームが行うべきタスクプロセスです。タスク管理は、プロジェクトや日常正しく行われたタスク管理は、生産性を高め、ス
す。

Serif

タスク管理とは

タスク管理とは、個人やチームが行うべきタス行するプロセスです。タスク管理は、プロジェ果たします。正しく行われたタスク管理は、生化することができます。

Mono

タスク管理とは

タスク管理とは、個人やチームが行うべきタスクプロセスです。タスク管理は、プロジェクトや日常正しく行われたタスク管理は、生産性を高め、ス
す。

MEMO
WindowsとMacで表示が異なる場合があります。

Technique 180
すべての文字の表示サイズを小さくしたい

ページ内により多くのコンテンツを表示したい場合は、ページ全体のフォントの大きさを縮小することができます。フォントの縮小は、ページごとに設定する必要があります。

ページのフォントを縮小する

❶ページの右上の「•••」→「フォントの縮小」をオンにする

❷フォントが縮小される

タスク管理とは

タスク管理とは、個人やチームが行うべきタスクを明確にし、優先順位をつけ、計画的に実行するプロセスです。タスク管理は、プロジェクトや日常業務において非常に重要な役割を果たします。正しく行われたタスク管理は、生産性を高め、ストレスを軽減し、成果を最大化することができます。

タスク管理とは

タスク管理とは、個人やチームが行うべきタスクを明確にし、優先順位をつけ、計画的に実行するプロセスです。タスク管理は、プロジェクトや日常業務において非常に重要な役割を果たします。正しく行われたタスク管理は、生産性を高め、ストレスを軽減し、成果を最大化することができます。

Technique 181

ページにアイコンをつけたい

　ページにはアイコンをつけることができます。サイドバーのページ一覧にも表示されるので、タイトルに合うイメージのアイコンをつけておくと一目でわかって便利です。

ページにアイコンをつける

❶「アイコンを追加」をクリックする

❷「アイコン」を選択する

MEMO
「絵文字」や「アップロード」（自分の画像をアップロード）から選択することもできます。

❸任意のアイコンと色を選択する

MEMO
検索ボックスの右の「○」から色を選択すると、アイコンの色を固定できます。

❹アイコンが追加される

MEMO
アイコンの削除は、アイコンをクリックして「削除」をクリックします。

Technique 182

ページにカバー画像をつけたい

ページにカバー画像をつけることで、どんなイメージのページかを表現することができます。お気に入りのイメージをつけておきましょう。

ページにカバー画像を追加する

❶タイトルの上の「カバー画像を追加」をクリックする

❷ランダムで画像が表示される

❸「カバー画像を変更」をクリックする

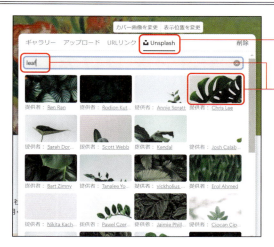

❹「Unsplash」をクリックする
（下のPointを参照）

❺任意のキーワードで検索し、画像を選択する

❻カバー画像が表示される

❼カバー画像の「表示位置を変更」をクリックする

❽画像をドラッグして表示位置を変更する

❾「表示位置を確定」をクリックする

POINT

画像選択時のメニューについて

手順4では、4つのメニューから画像の選択方法を選ぶことができます

- **ギャラリー**：Notionに用意されている画像の中から選択します。
- **アップロード**：画像ファイルをアップロードして使用します。
- **URLリンク**：Web上の画像のURLを指定して使用します。
- **Unsplash**：「Unsplash」という無料で使える画像サービスから選択します。

Technique 183

データベースにアイコンをつけたい

Notionではページだけでなく、データベースにもアイコンをつけることができます。アイコンをつけておくことで、どんなデータベースなのか一目でイメージすることができますし、見つけやすくなります。

データベースにアイコンをつける

❶データベースをフルページで開く。インライン場合は「フルページとして開く」をクリックする

❷「アイコンを追加」をクリックする

❸好みのアイコンを選択する

❹インライン表示や、サイドバーでもアイコンが表示される

Technique 184

データベース名を非表示にしたい

インラインデータベースのデータベース名は非表示にすることができます。データベース名を表示する必要がない場合や、スッキリと見せたい場合に便利です。

データベース名を非表示にする

❶インラインデータベースで、データベース名の右の「•••」をクリックする

❷「タイトルを非表示」を選択する

❸データベース名が非表示になる

非表示のデータベース名をもとに戻す

❶データベースの右上の「•••」→「レイアウト」→「データベース名を表示」をオンにする

Technique 185

プロパティのアイコンを変更したい

データベースのプロパティのアイコンは、デフォルトではプロパティの種類によって決まったアイコンが表示されます。このアイコンは好みのものに変更することができます。

プロパティのアイコンを変更する

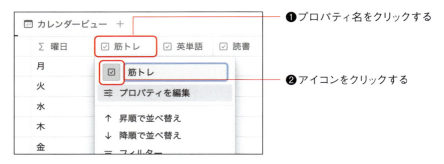

❶プロパティ名をクリックする
❷アイコンをクリックする

❸好みのアイコンを選択する

❹アイコンが変更される

Technique 186

ビューのアイコンを変更したい

　データベースのビューのアイコンは、レイアウトの種類によって設定されますが、別のアイコンに変更することができます。イメージに合ったアイコンをつけると一目でわかりやすくなります。

ビューのアイコンを変更する

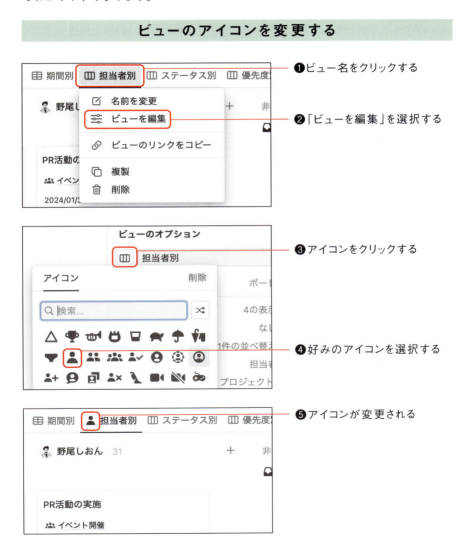

Technique 187

テーブルビューの縦のグリッド線を消したい

テーブルビューの縦線は非表示にすることができます。データベースをシンプルに見せたい場合に便利な設定です。

テーブルビューの縦線を非表示にする

❶ データベースの右上の「•••」→「レイアウト」→「縦線を表示」をオフにする

❷ 縦線が非表示になる

Technique 188
ボードビューの列に背景色をつけたい

　ボードビューでは、列に背景色をつけることができます。列に背景色をつけるとグループごとの区別がつきやすくなるので、とてもおすすめの設定です。

列に背景色をつける

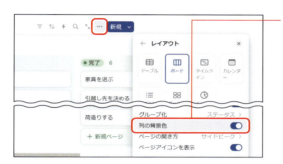

❶ データベースの右上の「・・・」→「レイアウト」→「列の背景色」をオンにする

❷ 列ごとに背景色が表示される

Technique 189
データベース全体の文字色を変更したい

ブロックの色を変更して、その中にデータベースを入れることで、データベース全体の色を変更することができます。データベースを目立たせたり、印象を変化させたりしたいときに使えます。

色付きのデータベースにする

❶ P.296の方法で、ブロックのテキストにカラーを設定する

❷ 上記ブロックの直下にあるブロックを選択し、Tabキーを押してインデントする

MEMO
これはデータベースを入れ子にするための事前操作です。

❸ データベースの[⋮⋮]をドラッグする

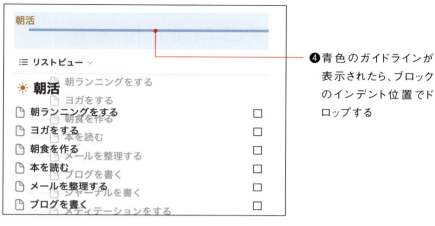

❹青色のガイドラインが表示されたら、ブロックのインデント位置でドロップする

❺ブロック内にデータベースが移動し、データベースの文字色が変更される

> ### POINT
> **データベースに背景色をつける**
>
> 手順1で親ブロックの背景色を変更すれば、データベースに背景色をつけられます。
>
>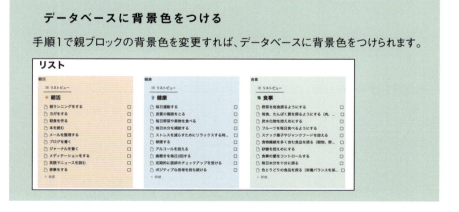

8章　構造化とデザイン[データベース]

Technique **190**

ページのプロパティ位置を
カスタマイズしたい

　データベース内のページにはプロパティが表示され、デフォルトではページタイトルの下に配置されます。プロパティ数が多い場合は必要なプロパティだけ残して、残りはパネルに格納させるとシンプルな表示にすることができます。

レイアウトをカスタマイズする

❶データベース内のページを開く

❷タイトルの上に表示される「レイアウトをカスタマイズ」をクリックする

❸ヘッダーをクリックする

❹固定表示したいプロパティのピンを選択する

MEMO
この画面に表示される「バックリンクを表示」をオフにすると、バックリンクを非表示にできます。

❺プロパティがヘッダー内に移動する

❻プロパティグループの「•••」→「パネルに移動」をクリックする

❼ その他プロパティがパネル配置に設定される

MEMO
元に戻すには「•••」→「ページに移動」をクリックします。

❽「すべてのページに適用」をクリックする

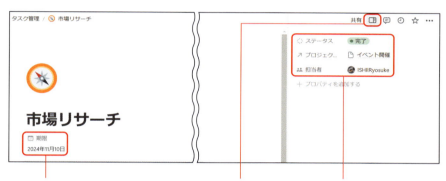

❾ ヘッダー内に固定表示されたプロパティはこのように表示される

❿「詳細を表示する」をクリックする

⓫ パネルが表示され、その他プロパティを確認できる

POINT

コメントを最小化／非表示にする

「レイアウトをカスタマイズ」画面で余白をクリックすると、画面右側にページ設定が表示されます。ここからページ内のコメントを最小化したり、画面上部のコメント欄を非表示にすることができます。

Technique 191

コンテンツを囲み記事にして目立たせたい

「コールアウト」のブロックを使うと、特定のテキストを強調することができます。注意事項やまとめ、知識的なメモなどに活用すると便利です。アイコンやブロックの色は変更できます。

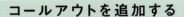

コールアウトを追加する

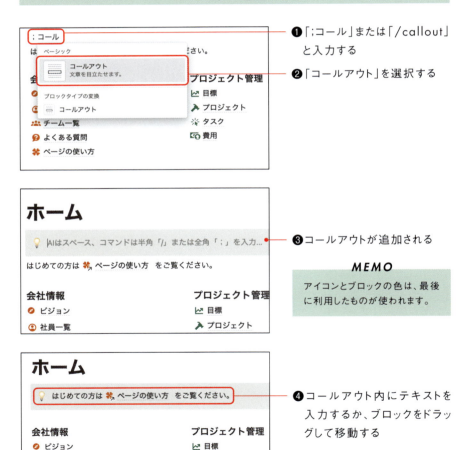

❶「;コール」または「/callout」と入力する

❷「コールアウト」を選択する

❸コールアウトが追加される

MEMO
アイコンとブロックの色は、最後に利用したものが使われます。

❹コールアウト内にテキストを入力するか、ブロックをドラッグして移動する

コールアウトのアイコンを変更する

❶コールアウトのアイコンをクリックする

❷好みのアイコンを選択する

MEMO
「削除」をクリックするとアイコンを削除できます。

❸アイコンが変更される

コールアウトの背景色を変更する

❶コールアウトの［：：］→「カラー」から、好みの背景色を選ぶ

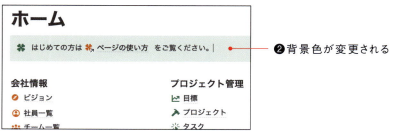

❷背景色が変更される

Technique 192

コンテンツにシンプルな枠をつけたい

コールアウトは他のコンテンツと区別するのにも役立ちます。「コールアウト」ブロックを背景色なしで使うと、コンテンツに枠だけをつけてシンプルに表現することができます。

コールアウトでブロックに枠をつける

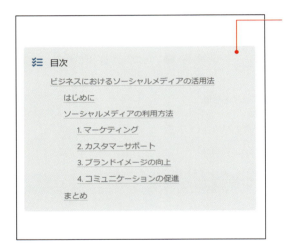

❶コールアウトを追加する

❷前ページの方法で背景色を「背景色なし」にすると、枠だけが残る

Technique 193

文字に太字や下線をつけたい

Notionでは文字の書式設定を変更して、文字を太字にしたり、下線を引くことができます。コンテンツに合わせて文字を強調することで、文章が読みやすくなります。

文字を太字にする

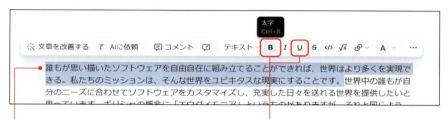

❶文字を選択する　　❷「太字」や「下線」をクリックする

太字

誰もが思い描いたソフトウェア
きる。私たちのミッションは、
分のニーズに合わせてソフトウ
思っています。ギリシャの概念

下線

誰もが思い描いたソフトウェア
きる。私たちのミッションは、
分のニーズに合わせてソフトウ
思っています。ギリシャの概念

POINT

文字装飾のショートカット

同様に文字を斜体にしたり、取り消し線を引いたりできます。この操作にはショートカットを使うのが便利です。

- **太字**：Ctrl(command) ＋B
- **下線**：Ctrl(command) ＋U
- **斜体**：Ctrl(command) ＋I
- **取り消し線**：Ctrl(command) ＋Shift＋S

8章 ── 構造化とデザイン［強調］

Technique 194

文字に色や背景色をつけたい

テキストの文字色を変更したり、背景色をつけることで、コンテンツをカラフルに見せることができます。

選択した文字色や背景色を変更する

❶ 文字を選択し、「文字色」をクリックする

❷ 文字色または背景色を選択する

> **MEMO**
> 文字色と背景色の両方を設定することもできます。

文字色

誰もが思い描いたソフトウきる。私たちのミッション分のニーズに合わせてソフ思っています。ギリシャのに、努力と継続的な学習を念頭に置いて、私たち

背景色

誰もが思い描いたソフトウきる。私たちのミッション分のニーズに合わせてソフ思っています。ギリシャのに、努力と継続的な学習を念頭に置いて、私たち

> **MEMO**
> 同じ色を何度も使う場合は、Ctrl(command)＋Shift＋Hキーで最後に使った色を適用できます。

Technique 195

ブロック全体に色や背景色をつけたい

前ページのようにテキストを対象として色を変更できるほか、ブロック全体を対象として色を変更することもできます。ここではブロック全体に背景色を設定します。

対象ブロックの色や背景色を変更する

❶ブロックの[⋮]をクリックし、「カラー」→文字色または背景色を選択する

MEMO
文字色と背景色は、いずれか1種類のみ選択できます。

❷ここではブロックに背景色が変更される

POINT

コマンド入力で色をつける

ブロック内で、「/color」や任意の色（/red、/blue、/yellowなど）と入力して変更することもできます。

Technique 196

英字をおしゃれなフォントにしたい

Notionには数式を書くためのLaTeXをサポートするKaTeXライブラリが用いられています。KaTeXを使用すると、数式を書くだけではなく、英字フォントを変更して文字を美しく表現することができます。

式でフォントを変更する

❶ 文字を選択する

❷ 「式に変換」をクリックする

MEMO
文字選択後、Ctrl(command)＋Shift＋Eキーを押しても数式入力メニューが開きます。

❸ 右表を参考にコマンドを入力して「完了」をクリックする

MEMO
{}内に、表示したい文字列を入力します。

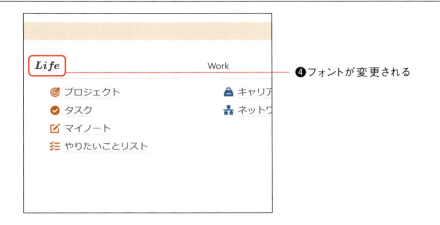
❹フォントが変更される

文字装飾のコマンド例

フォント	記入例	説明
Title	Title	斜体（Italic）　＊デフォルト
Title	\textit{Title}	斜体（Italic）
Title	\textrm{Title}	ローマン体（Roman）
Title	\texttt{Title}	タイプライタ体（Typewriter）
Title	\textsf{Title}	サンセリフ体（Sans serif）
Title	\textbf{Title}	太字（Bold）
Title	\bm{Title}	太字（Bold）の斜体
𝔗𝔦𝔱𝔩𝔢	\mathfrak{Title}	ひげ文字（Fraktur）
𝒯𝐼𝒯𝐿𝐸	\mathcal{TITLE}	カリグラフィ（Calligraphy）　＊大文字のみ
𝕋𝕀𝕋𝕃𝔼	\mathbb{TITLE}	黒板太字（Black board）　＊大文字のみ
𝒯𝐼𝒯𝐿𝐸	\mathscr{TITLE}	筆記体（Script）　＊大文字のみ

> **POINT**
>
> **日本語フォントはほぼ非対応**
>
> 日本語に対してコマンドを使うと、太字になったり、フォントが変わったりすることもありますが、基本的には日本語は非対応です。KaTeXによるフォント変更は、英字の見出しなどに使うことをおすすめします。

Technique 197

文字色や背景色を自由に変えたい

　Notionの式を使えば、より多くのカラーから文字色や背景色を変更して、文字を強調したり美しく表現したりすることができます。

式で文字色や背景色を変更する

❶文字を選択し、「式に変換」を選択する

❷式に「\color{カラー}{文字列}」を入力する

❸文字色が変更される

MEMO
色の指定は、red, yellow, blueなどの色の名前、またはカラーコードで指定します。

❹背景色を指定するには、式に「\colorbox{カラー}{文字列}」と入力する

文字色と背景色の例

色の名前	文字色	背景色	背景色の例の記述
black	*News*	News	\color{white}\colorbox{black}{News}
navy	*News*	News	\color{white}\colorbox{navy}{News}
blue	*News*	News	\color{white}\colorbox{blue}{News}
green	*News*	News	\color{white}\colorbox{green}{News}
limegreen	*News*	News	\color{white}\colorbox{limegreen}{News}
turquoise	*News*	News	\color{white}\colorbox{turquoise}{News}
lightblue	*News*	News	\color{white}\colorbox{lightblue}{News}
gray	*News*	News	\color{white}\colorbox{gray}{News}
olive	*News*	News	\color{white}\colorbox{olive}{News}
maroon	*News*	News	\color{white}\colorbox{maroon}{News}
purple	*News*	News	\color{white}\colorbox{purple}{News}
orange	*News*	News	\color{white}\colorbox{orange}{News}
gold	*News*	News	\color{white}\colorbox{gold}{News}
yellow	*News*	News	\colorbox{yellow}{News}
pink	*News*	News	\color{white}\colorbox{pink}{News}
plum	*News*	News	\color{white}\colorbox{plum}{News}
tomato	*News*	News	\color{white}\colorbox{tomato}{News}
red	*News*	News	\color{white}\colorbox{red}{News}

POINT

カラーコードで色を指定する

カラーコードは色を16進数で表した値で、約1677万色の中から特定の色を指定できます。例えば、「#000000」は黒、「#ffffff」は白を表します。カラーコードを調べる方法はさまざまですが、Google検索を使うのがかんたんです。Googleでカラーコード（例えば「#000000」）で検索するとカラー選択ツールが表示され、選択した色に対応するカラーコードを調べられます。

Technique 198

文字のサイズを自由に変えたい

Notionの式を使えば、文字のサイズを変更することができます。強調したい文字は大きくしたり、補足は小さく表示したりと自由に変更することができます。

式で文字のサイズを変更する

❶ 文字を選択し、「式に変換」を選択する

❷ 式に「\Huge」を入力する

❸ 文字のサイズが変更される

POINT

文字サイズのコマンド

文字サイズは、Hugeからtinyまで複数のサイズから選択できます。

- \Huge \huge \LARGE \Large \large \normalsize \small \footnotesize \scriptsize \tiny

Technique 199

文字におしゃれな下線を引きたい

　Notionの式を使って、文字にカラフルな下線を引くことができます。文字をオシャレに目立たせたいときに便利です。

式でカラフルな下線を引く

❶ 文字を選択し、「式に変換」を選択する

❷ 以下の形式で式を入力する

\substack{\colorbox{色}{\hspace{横幅の位置}}\\[上下の位置]\{文字列}}

記入例 \substack{\colorbox{orange}{\hspace{17em}}\\[-1.5em]\Large\texttt{Keep it simple, stupid}}

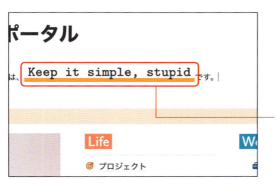

MEMO
「横幅の位置」「上下の位置」の数値は、文字に合わせて調整します。また、下線の太さを変更することはできません。

❸ 文字に下線が引かれる

Technique 200

文字を色の枠線で囲みたい

　Notionの式を使えば、文字をカラフルな枠で囲むことができます。枠線の色と同時に背景色を指定することも可能です。

サイズや色の変更例

カラー	記入例
News	\fcolorbox{blue}{white}{\Large\textbf{News}}
News	\fcolorbox{red}{pink}{\textsf{News}}
News	\fcolorbox{green}{turquoise}{\texttt{News}}

Technique 201

おしゃれな区切り線を作成したい

コンテンツの区切りには、シンプルな区切りブロックを挿入できますが、式ブロックを使ってオシャレなフォントやマークで区切りをつくることもできます。

式で区切り線をつくる

❶「;数式」または「/equation」と入力し、「式ブロック」を選択する

❷式に記号のコマンドを入力する

例 \color{coral}\hearts...\hearts...\hearts...\hearts...\hearts

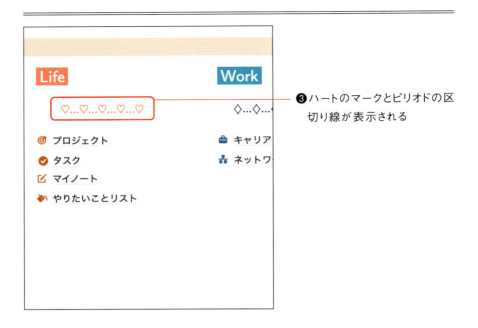

❸ハートのマークとピリオドの区切り線が表示される

記号の例

記号	記入例	記号	記入例
★	\star	♡	\hearts
★	\bigstar	♣	\clubs
◇	\diamond	♠	\spades
◇	\Diamond, \lozenge	∞	\infin, \infty
◆	\blacklozenge	■	\blacksquare
◇	\diamonds	□	\square

POINT

フォントとシンボルを組み合わせる

フォントとシンボルを組み合わせて見出しのように使うこともできます。

- 記入例： \clubs\Bbb{TITLE}\spades

第 **9** 章

コラボレーション用の機能

Technique 202

気になるところにコメントを残したい

Notionのコメント機能は、複数のユーザーでプロジェクトについて会話したり、フィードバックなどのやり取りをするのに役立ちます。コメントは、ページ、ブロック、テキストのそれぞれに追加できます。

9章──コラボレーション用の機能［コメント］

テキストにコメントを追加する

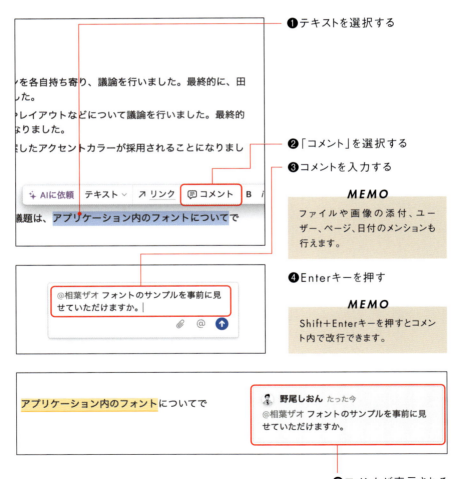

❶テキストを選択する

❷「コメント」を選択する

❸コメントを入力する

MEMO
ファイルや画像の添付、ユーザー、ページ、日付のメンションも行えます。

❹Enterキーを押す

MEMO
Shift+Enterキーを押すとコメント内で改行できます。

❺コメントが表示される

ブロックにコメントを追加する

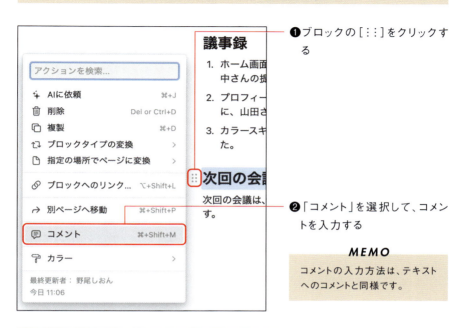

❶ブロックの[⋮]をクリックする

❷「コメント」を選択して、コメントを入力する

MEMO
コメントの入力方法は、テキストへのコメントと同様です。

ページに対してコメントを追加する

❶ページのタイトルの上で「コメントを追加」をクリックする

❷「コメントを追加」の箇所にコメントを入力する

Technique 203

もらったコメントに返信したい

他ユーザーからのコメントに返信して、コミュニケーションを取ることができます。また、コメントに返信されるとNotion通知が届くので見逃しません。

9章　コラボレーション用の機能［コメント］

コメントに返信する

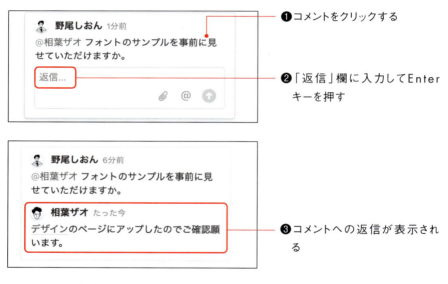

❶コメントをクリックする

❷「返信」欄に入力してEnterキーを押す

❸コメントへの返信が表示される

POINT
返信されると通知が届く

コメントへの返信があると通知され、「受信トレイ」から確認できます。また、通知内容をクリックすると該当のページにジャンプできます。

310

Technique 204

コメントに絵文字で
リアクションしたい

　コメントにはテキストを返信できるだけでなく、絵文字を使ったリアクションをすることができます。気軽なリアクションができるので、コミュニケーションの活性化につながります。

コメントにリアクションする

❶コメントの「リアクションを追加」をクリックする

❷絵文字を選択する

❸リアクションが表示される

❹絵文字の横のアイコンから、リアクションを追加できる

Technique **205**

コメントを「解決」して
非表示にしたい

フィードバックしたり質問したりして解決したコメントは、非表示にすることができます。コメントがたくさん残っていると画面が煩雑になるので適宜非表示にすることをおすすめします。

コメントを解決済みにする

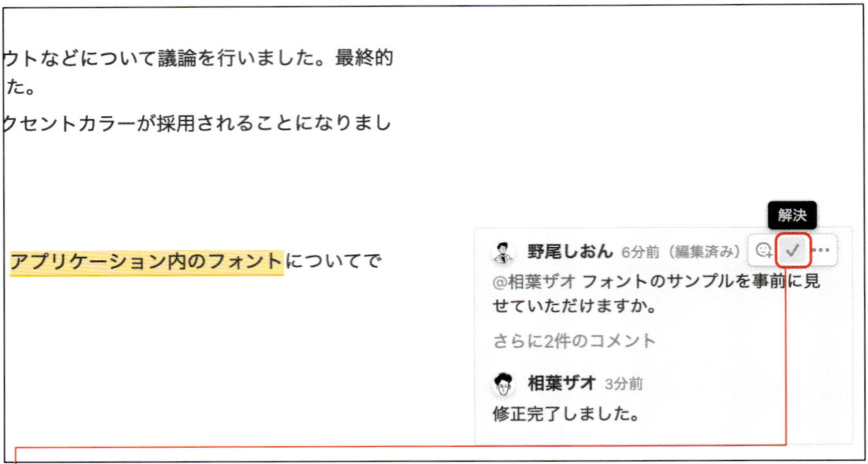

❶コメントの「解決」をクリックする

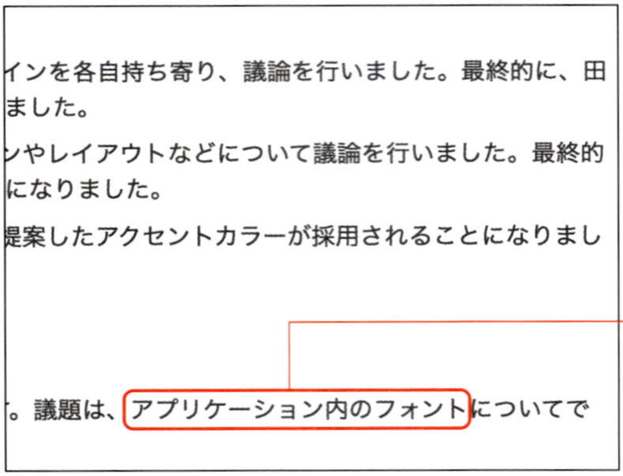

❷コメントが非表示になり、黄色のハイライトが消える

MEMO

解決したコメントはP.315の方法で再表示できます。

Technique 206

コメントを編集／削除したい

自分が追加したコメントはあとから編集することができ、編集後のコメントには「編集済み」のマークがつきます。同様の画面からコメントを削除することも可能です。

コメントを編集／削除する

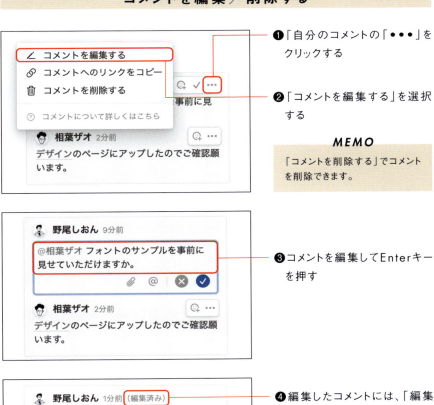

❶「自分のコメントの「•••」をクリックする

❷「コメントを編集する」を選択する

MEMO
「コメントを削除する」でコメントを削除できます。

❸コメントを編集してEnterキーを押す

❹編集したコメントには、「編集済み」と表示される

Technique 207

コメントとサジェストを一覧で確認したい

ページ内にあるコメントは、コメントサイドバーでまとめて確認することができます。また、サジェストモードで編集した更新履歴もここに表示されます。

コメントサイドバーを開く

❶ ページの右上の「コメントサイドバーを開く」をクリックする

❷ コメントとサジェスト（→P.318）が一覧で表示される

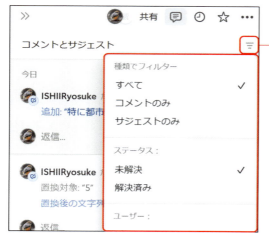

❸ 「フィルター」から表示させるものを選択できる

Technique 208

解決したコメントを再表示したい

解決して非表示にしたコメントでも、あとから再度確認したい……。そんな場合でも、コメントサイドバーから解決したコメントを再表示することができます。

解決したコメントを再表示する

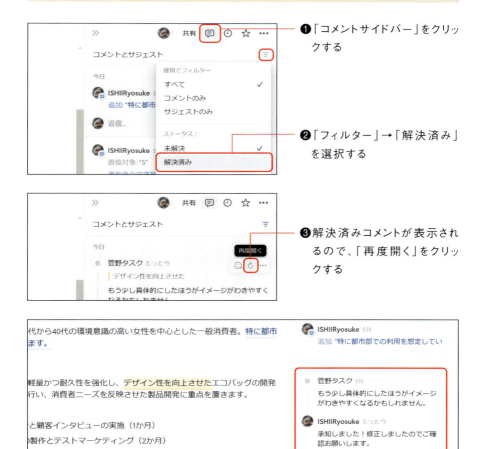

❶「コメントサイドバー」をクリックする

❷「フィルター」→「解決済み」を選択する

❸解決済みコメントが表示されるので、「再度開く」をクリックする

❹コメントが再度表示される

Technique 209

コメントの表示を最小化したい

コメントの表示をシンプルにしたい場合は、設定から「最小化」の表示に切り替えることができます。この設定はページごとに設定されます。

コメント表示を最小化する

❶ページの右上の「•••」→「ページをカスタマイズ」を選択する

MEMO
データベースのページの場合は「•••」→「レイアウトをカスタマイズ」をクリックし、画面右の「ページ設定」の「コメント(ページ内)」を「最小化」に設定します。

❷「コメント(ページ内)」で「最小化」を選択する

❸ページ内のコメントが最小化される

MEMO
ハイライトやコメントマークをクリックすると、コメントを確認できます。

Technique 210

他の人が更新した箇所を確認したい

チームメンバーと共同作業していて、他のメンバーが編集した箇所を確認したいときは、「更新履歴」を確認しましょう。いつ、誰が、どこを編集したのかが記録されています。

更新履歴を確認する

❶ページの右上の「更新履歴のサイドバーを開く」をクリックする

❷編集を行なったメンバー、時間、コンテンツが表示される

MEMO

各更新履歴の右上にある時計のアイコンをクリックすることで、過去のバージョンに復元することもできます。

Technique 211

変更履歴を残しながら編集したい

　Notionには、変更履歴を残しながらページを編集できるサジェストモードがあります。サジェストモードをオンにした状態で編集すると、コメントのような形式で変更履歴が表示されます。

サジェストモードをオン／オフする

❶ページ右上の「•••」→「編集をサジェスト」をクリックする

MEMO
文字を選択後、表示されるメニューから「サジェストモードをオン」をクリックしてもOKです。

❷この状態でページを編集すると、変更が記録される

❸オフにするにはページ右上の「サジェストモード」をクリックする

9章　――　コラボレーション用の機能［更新履歴］

変更を承諾または却下する

❶ サジェストの「承諾」または「却下」をクリックする

❷ 変更が反映され、サジェストが非表示になる

POINT

コメントサイドバーでまとめて確認する

P.314の方法でコメントサイドバーを表示し、「フィルター」→「サジェストのみ」を選択するとサジェストを一覧で確認できます。また、「フィルター」→「サジェストのみ」「解決済み」を選択することで解決済みのサジェストを表示することもできます。

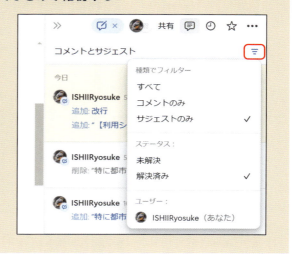

9章 ── コラボレーション用の機能［更新履歴］

Technique 212

ページアナリティクスで閲覧数の傾向を分析したい

ページの閲覧数や閲覧者の傾向は、「ページアナリティクス」で確認することができます。このページアナリティクスを確認できるユーザーは、自分がページのオーナーまたは編集者の場合です。

ページアナリティクスを確認する

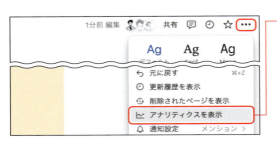

❶ページの右上の「•••」→「アナリティクスを表示」をクリックする

❷アナリティクスのタブが開き、合計閲覧数、グラフ、最近の閲覧者、ページの作成者が表示される

MEMO
グラフの青の線は合計閲覧数、オレンジの線はユニーク閲覧数です。例えば、1人のユーザーが5回閲覧した場合は、合計閲覧数は5件、ユニーク閲覧数は1件となります。

❸ここからグラフの期間を変更できる

POINT

自分の閲覧履歴を記録したくない場合

ページの管理者は、他のユーザーの分析をより正確に行うために、自分の閲覧履歴を含めたくないことがあります。その場合は、設定で変更することができます。

● 特定のページで記録しない場合

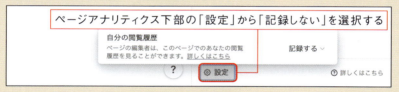

ページアナリティクス下部の「設定」から「記録しない」を選択する

● すべてのページで記録しない場合

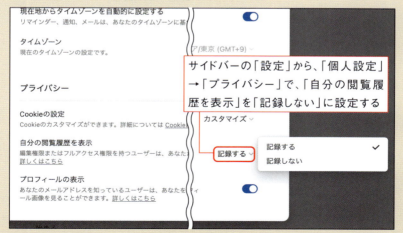

サイドバーの「設定」から、「個人設定」→「プライバシー」で、「自分の閲覧履歴を表示」を「記録しない」に設定する

Technique 213

他の人にメンションで通知を送りたい

　ページの更新を他のメンバーに知らせたいときは、ユーザーをメンションして通知を送ります。メンションはコメント内でも使用することができます。

9章──コラボレーション用の機能［メンションと通知］

ページやコメントでユーザーをメンションする

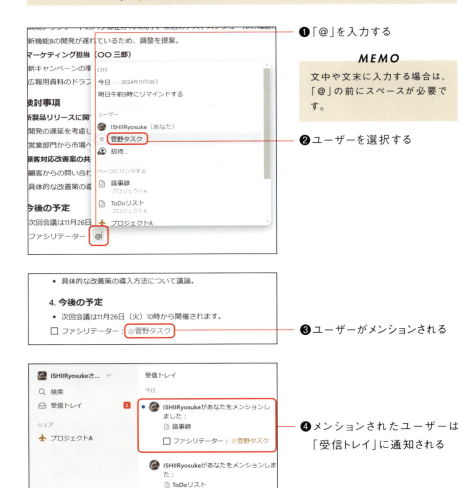

❶「@」を入力する

MEMO
文中や文末に入力する場合は、「@」の前にスペースが必要です。

❷ユーザーを選択する

❸ユーザーがメンションされる

❹メンションされたユーザーは「受信トレイ」に通知される

Technique 214

特定のページから来る通知条件を変えたい

ページの作成者には、コメントの追加／返信／メンションされたときに通知が届きます。これを、コメントの返信とメンション時だけに通知されるように変更することができます。

コメント返信とメンションだけ通知させる

❶「受信トレイ」をクリックする

❷ 通知が来ているページを確認し、ベルマークをクリックする

❸ ページ通知設定の「返信と@メンション」を選択する

- **すべての更新情報**：コメント、プロパティ変更がされると通知（データベースのページのみ）
- **すべてのコメント**：コメントの追加／返信／メンションされると通知
- **返信と@メンション**：コメントの返信／メンションされると通知

> **POINT**
> **ページ右上からも設定可能**
> ページ右上の「•••」→「通知設定」をクリックしても、ページの通知設定を変更することができます。

Technique 215

スマホやメール通知の設定を変更したい

スマホにNotionアプリをインストールしている場合は、コメントやメンションの通知を受け取れます。また、メールで通知を受け取るかどうかの設定を変更することもできます。

通知設定を変更する

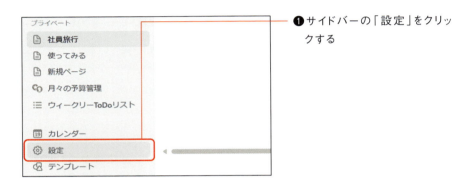

❶サイドバーの「設定」をクリックする

❷「通知設定」を選択する

❸「モバイルでのプッシュ通知」やメール通知の項目を変更する

MEMO
プッシュ通知とは、アプリを起動していないときでも通知を受け取れる機能です。

Technique 216

リマインダーで忘れないようにしたい

　リマインダーを追加すると、指定した時刻にNotionから通知が届きます。期日を設定したり、イベントを忘れないようにするのに便利です。「@remind」のあとに時刻や日付、またはその両方を入力して設定することもできます。

リマインダーを入力する

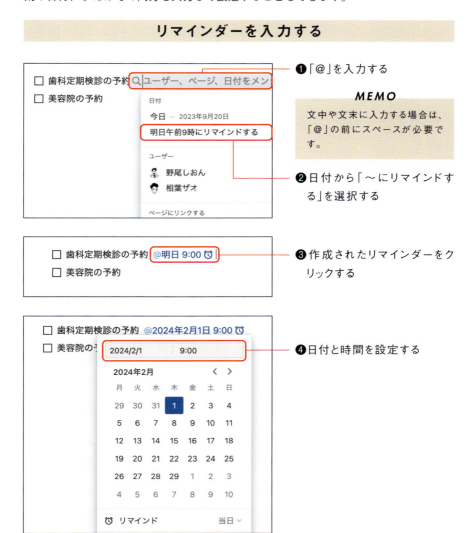

❶「@」を入力する

MEMO
文中や文末に入力する場合は、「@」の前にスペースが必要です。

❷日付から「〜にリマインドする」を選択する

❸作成されたリマインダーをクリックする

❹日付と時間を設定する

9章 ── コラボレーション用の機能［メンションと通知］

❺「リマインド」から通知のタイミングを設定する

❻リマインダーが設定される

MEMO
日付を過ぎたリマインダーは赤色で表示されます。

POINT

コマンド入力で時短する

リマインダーは@remindコマンドで入力することができます。日時の指定も可能なので、すぐに希望の時間のリマインダーを設定することが可能です。

- コマンド：@remind 月/日/年 時間
  ※「年」「時間」の指定は省略可。時間を指定しない場合は、9:00に通知されます。

Technique 217

メンバーに対してリマインダーを設定したい

　リマインダーをメンバーにも送るには、インラインにメンションとリマインダーの両方を設定します。「@remind」でリマインドする時間を設定して、「@メンバー」でメンションします。

メンバーにリマインダーを設定する

❶P.325～326の方法でリマインダーを設定する

❷続けて「@メンバー」でメンションする

❸リマインダーとメンションが設定される

❹リマインドで設定した時間に、メンションされたメンバーに通知される

Technique 218

たくさんのユーザーから アンケートを取りたい

Notionにはフォーム機能が用意されています。ワークスペース内のユーザーからアンケートを取ったり、外部ユーザーから商品満足度の調査をしたり、Web公開ページの問い合わせフォームにしたりとさまざまな目的で活用できます。

フォームを作成する

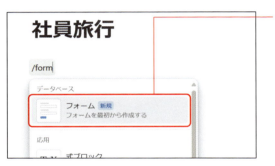

❶「/form」と入力し、「フォーム」を選択する

❷フォームが作成される

MEMO
タイトルの上のボタンから、アイコンやカバー画像を設定できます。

❸ 質問文や項目をクリックして書き換える

❹ 質問を追加するには「+」をクリックする

MEMO
質問とその回答はデータベースで管理されます。デフォルトでは「質問1」がタイトルプロパティになっています。

❺ 質問の種類を選択し、適宜入力する

❻ 質問の「•••」をクリックして、入力必須項目の設定などをする

MEMO
この画面から質問の種類やプロパティの変更、質問の削除も行えます。

フォームのリンクを共有する

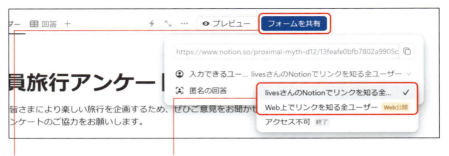

❶「フォームを共有」をクリックする

❷「入力できるユーザー」をクリックし、対象をワークスペース内にするか、Web公開にするかを選択する

❸「フォームへのリンクをコピー」をクリックして、回答してほしい人に共有する

回答を確認する

❶回答されたデータが、データベース形式でまとめて確認できる

MEMO

「回答」タブの右にある「＋」からビューを追加できます。「チャート」を追加すればアンケート結果をグラフで確認できて便利です。

第 **10** 章

ページの共有

Technique 219

外部ユーザーをゲストとしてページに招待したい

ワークスペースに所属していないユーザーをゲストとして招待してページを共有できます。ゲストは、フリープランは10人まで追加できます。ページのアクセス権限を柔軟に設定できます。

ゲストを招待する

❶ページの右上の「共有」をクリックする

❷メールアドレスやユーザー名、グループ名を入力する

❸招待するユーザー名をクリックする

❹アクセス権限（→P.334）を設定する

❺ 必要に応じてメッセージを入力する

❻ 「招待」をクリックする

❼ ワークスペースに追加するかのメッセージでは、ゲストとして追加したいので「今はスキップ」を選択する

❽ ゲストが追加される

MEMO

招待されたユーザーには、メールとNotionの受信トレイに通知されます。

❾ 共有されたページには、ゲストのアイコンがページ右上に表示される

MEMO

ゲストがページを見るにはNotionへのサインアップが必要です。

Technique 220

ユーザーに付与する権限レベルを設定したい

　ページのアクセス権限は、ユーザーごとに細かく設定することができます。例えば、このページは特定のユーザーのみに編集を許可してそれ以外のユーザーは閲覧だけにしたい、といった設定が可能です。

権限レベルの5種類

　権限の種類には以下のものがあります。権限を細かく設定したい場合は、プラスプラン以上を利用しましょう。

権限	他のユーザーへの共有	編集	コメントとサジェスト	表示
フルアクセス権限	○	○	○	○
編集権限（プラスプラン以上）	×	○	○	○
コンテンツ編集権限（プラスプラン以上）＊データベースのみの権限	×	○データベースのコンテンツの編集可能 ×データベースのビューや構造の編集不可	○	○
コメント権限	×	×	○	○
読み取り権限	×	×	×	○

アクセス権限を変更／削除する

❶「共有」をクリックする

❷ユーザーの横にある権限をクリックして変更する

MEMO
権限を削除する場合は「削除」を選択します。

POINT

子ページのアクセス権限を変更、復元する

デフォルトでは、子ページのアクセス権限は親ページの権限を継承します。つまり、あるページをゲストと共有すると、そのページに含まれる子ページも共有したことになる、ということです。ただし、子ページの権限は個別に設定することもできます。

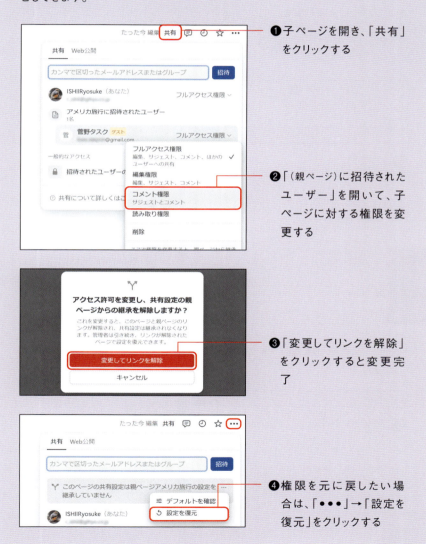

❶ 子ページを開き、「共有」をクリックする

❷ 「(親ページ)に招待されたユーザー」を開いて、子ページに対する権限を変更する

❸ 「変更してリンクを解除」をクリックすると変更完了

❹ 権限を元に戻したい場合は、「•••」→「設定を復元」をクリックする

Technique 221

ワークスペースのメンバーにページを共有したい

　外部のユーザーではなく、同じワークスペース内のメンバーであれば、招待することなくページを共有することができます。ページの設定を変更したのち、ページのリンクをメンバーに共有します。

ページのアクセス設定を変更する

❶「共有」をクリックする

❷ここをクリックする

❸「〇〇さんのNotionでリンクを知る全ユーザー」を選択する

❹権限を設定する

❺「リンクをコピー」でコピーしたURLをワークスペースメンバーに送る

Technique 222

参加したいページに
アクセス要求をしたい

ワークスペース内のメンバーであっても、アクセス権限のないページは開くことができません。その場合はアクセス権限を要求して、ページの所有者がその要求を承認すればアクセスできるようになります。

ページのアクセス権限を要求する

❶アクセス権限のないページを開くとメッセージが表示される

❷「アクセスをリクエスト」をクリックする

❸ページ管理者の画面で、受信トレイに通知される

❹権限の種類を選択する

❺「承認」をクリックする

MEMO
アクセス要求を承認しない場合は「却下」をクリックします。

Technique 223

ページをWebで一般公開したい

Notionのページは、かんたんにWeb上に一般公開することができます。Notionを使っていないユーザーも閲覧できるので、ブログやポートフォリオ、会社情報、求人情報などを公開できる便利な機能です。

ページをWeb公開する

❶「共有」→「Web公開」タブを開く

❷「公開」をクリックする

❸公開のオプションを選択する

MEMO
コンテンツを複製されたくない場合は「テンプレートとして複製」をオフにすることをおすすめします。

❹「サイトリンクをコピー」をクリックして、相手に共有する

MEMO
サイトリンクは、自分がブラウザで開いているURLとは異なります。Web公開する場合はサイトリンクをコピーして使いましょう。

MEMO
公開したページを停止する場合は「公開停止」をクリックします。

❺相手は公開されたページを表示できる

サイトをカスタマイズする

❶Web公開の画面で「サイトのカスタマイズ」をクリックする

❷SNSで共有される際のプレビューや表示モード(テーマ)、ヘッダーなどの設定が行える

MEMO
プラスプラン以上にすることで各種設定を変更できます。

❸「変更を公開」をクリックする

Technique 224

Web公開したページにアクセス期限を設定したい

Web公開したページに、アクセスできる有効期限を設定することができます。キャンペーンの募集や求人募集などの期限があるページは、アクセス期限を設定しておくことで、自動的にWeb公開が停止されます。

Web公開のアクセス期限を設定する

❶「共有」→「Web公開」タブを開く

❷「リンクの有効期限」をクリックし、有効期限を選択する

MEMO
この機能はプラスプラン以上で使用できます。

❸Web公開が停止される日時が設定される

Technique 225

Webで公開したページを編集できるようにしたい

Web公開したページにアクセスできるすべてのユーザーに、編集権限やコメント権限を与えることができます。共同作業をする複数のメンバーに、まとめて確認を依頼するときに便利です。

公開リンクを知るユーザーが編集できるようにする

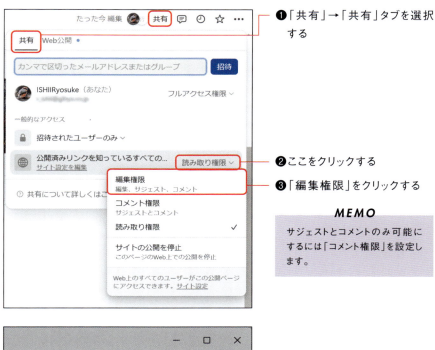

❶「共有」→「共有」タブを選択する

❷ここをクリックする

❸「編集権限」をクリックする

MEMO
サジェストとコメントのみ可能にするには「コメント権限」を設定します。

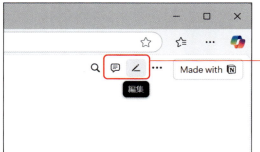

❹公開ページにアクセスしたユーザーは、画面右上の「編集」または「コメント」をクリックして編集画面に移行する

Technique 226

ワークスペースのドメイン（URL）を変更したい

ワークスペースのドメイン名をNotionのURLの一部に使用されます。共有用URLは「https://www.notion.so/ドメイン」、Web公開用は「https://ドメイン.notion.site」です。

わかりやすいドメイン名に変更する

❶ サイドバーの「設定」をクリックし、「サイト」を開く

❷ ドメインの「•••」→「更新」をクリックする

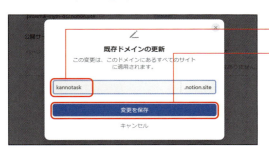

❸ ドメインを入力する

❹ 「変更を保存」をクリックする

MEMO
すでに使用されているドメインはエラーメッセージ表示され、使用できません。

第 **11** 章

チームスペース

Technique 227

ワークスペースとチームスペースの違いとは?

チームスペースは、Notionのワークスペース内に作成できるチーム別の専用エリアです。ここではまず、Notionのワークスペースとチームスペースの違いを押さえておきましょう。

ワークスペースとは?

ワークスペースとは、チームや個人が情報を一元的に管理できる仮想空間です。通常、Notionアカウントを作成すると1つのワークスペースが作成され、その中にページを作成してさまざまな情報を管理します。

ワークスペースの管理者(ワークスペースオーナー)はワークスペース内にメンバーを追加することで、チームでの共同作業ができるようになります。このとき、メンバーがアクセスできるのはワークスペース内の共用エリアです。ワークスペースにはこれ以外に、自分だけが表示・確認できる個人専用エリアが用意されています。

■ 共用エリアと個人専用エリア

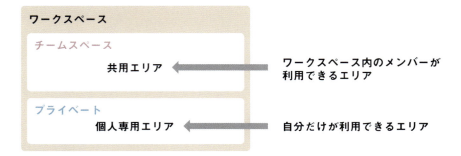

POINT
チーム利用はプラスプラン以上で
メンバーを追加してチーム利用をするには、プラスプラン以上を契約する必要があります。フリープランでもメンバーを追加できますが、その場合はブロック数が制限される体験版に切り替わります。

チームスペースとは？

チームスペースとは、ワークペース内に作成できる個々のチームの専用エリアです。会社や組織であれば、営業、開発、人事など部門ごとにアクセスできるメンバーを制限し、コンテンツを管理したいときに便利な機能です。

ワークスペース内には複数のチームスペースを作成することができますが、デフォルトのチームスペースはワークスペースの全メンバーが参加するもので、少なくとも1つは必要です。

チームスペースの例

アクセス許可の種類

	デフォルト	オープン	クローズド	プライベート（ビジネス／エンタープライズのみ）
チームスペースの表示	○全メンバーに表示される	○全メンバーに表示される	○全メンバーに表示される	×チームスペースメンバーのみに表示される
チームスペースへの参加	○全メンバーが自動的に参加する	○誰でも参加できる	×招待されたら参加できる	×招待されたら参加できる
チームスペース内のコンテンツの閲覧	○全メンバーが閲覧できる	○誰でも閲覧できる	×チームスペースメンバーのみ閲覧できる	×チームスペースメンバーのみ閲覧できる

参加者のロールの種類

ロール（役割）	説明
チームスペースオーナー	○チームスペースページへのフルアクセス権限を持つ ○チームスペース設定を編集できる
チームスペースメンバー	○チームスペースのページにアクセスできる ×チームスペース設定は編集できない

Technique 228

ワークスペースにメンバーを追加／削除したい

メンバーを追加するには、メンバー追加用の招待リンクを使うと便利です。また、メンバーを個別に追加する方法や、メンバーを削除する方法についても押さえておきましょう。

メンバーに招待リンクを共有する

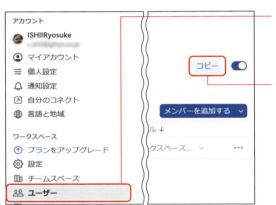

❶サイドバーの「設定」をクリックし、「ユーザー」を開く

❷招待リンクの「コピー」をクリックし、招待したい人にメールなどで共有する

メンバーを個別に追加する

❶上記の画面で「メンバーを追加する」をクリックする

❷メールアドレスや名前で検索し、ユーザーを選択する

❸権限を設定し、「招待」をクリックする

❹招待されたメンバーにはメールが送られるので、「招待を承諾」をクリックする

メンバーを削除する

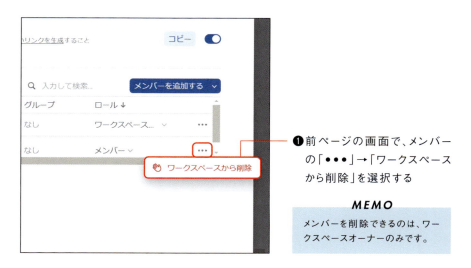

❶前ページの画面で、メンバーの「•••」→「ワークスペースから削除」を選択する

MEMO
メンバーを削除できるのは、ワークスペースオーナーのみです。

Technique 229

メンバーをグループとして
まとめて管理したい

メンションや権限を設定する場合は、個人ごとに設定する代わりに、グループごとに権限を設定することで管理の手間を軽減できます。ワークスペースにグループを作成してメンバーを管理しましょう。

グループを作成する

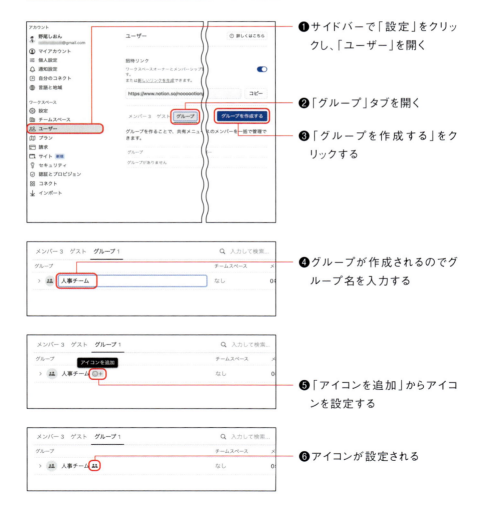

❶ サイドバーで「設定」をクリックし、「ユーザー」を開く

❷「グループ」タブを開く

❸「グループを作成する」をクリックする

❹ グループが作成されるのでグループ名を入力する

❺「アイコンを追加」からアイコンを設定する

❻ アイコンが設定される

グループにメンバーを追加／削除したい

❶ ここをクリックして開く

❷ 「メンバーを追加する」をクリックする

❸ メンバーを選択する

❹ 「追加」をクリックする

❺ メンバーが追加される

❻ 削除するにはメンバーの横の「削除」をクリックする

POINT

グループの削除と名前の変更

グループ名の横の「●●●」をクリックすると編集メニューが表示されます。ここでグループ名の変更や、グループの削除が行えます。

Technique 230

別のワークスペースに切り替えたい

　Notionでは複数のワークスペースに参加することができます。必要なのは1つのNotionアカウントだけで、ワークスペースの切り替えは画面左上から行えます。

ワークスペースを切り替える

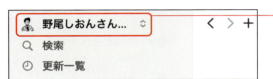

❶サイドバーの上にあるワークスペース名をクリックする

❷切り替えたいワークスペース名を選択する

MEMO
ワークスペースをドラッグすると並び順を移動できます。

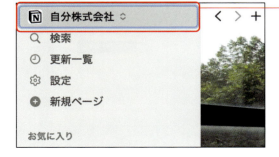

❸別のワークスペースが開かれる

Technique 231

ワークスペース名とアイコンを変更したい

　ワークスペース名とアイコンは変更することができます。ワークスペース名は、個人名や会社名などシンプルな名前にするとわかりやすいです。また、アイコンをつけると一目で識別しやすくなります。

ワークスペース名とアイコンを設定する

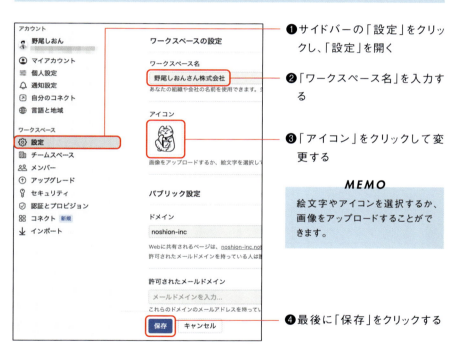

❶サイドバーの「設定」をクリックし、「設定」を開く

❷「ワークスペース名」を入力する

❸「アイコン」をクリックして変更する

MEMO
絵文字やアイコンを選択するか、画像をアップロードすることができます。

❹最後に「保存」をクリックする

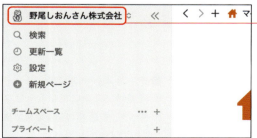

❺ワークスペース名とアイコンが変更される

Technique 232

新しいチームスペースを作成したい

　チームスペースは、個々のチームが情報を共有するためのスペースです。組織ごとのスペースを作成する、部署横断でプロジェクトやイベントのチームスペースを作成する、などチームに合わせて設定します。

デフォルトのチームスペースを作成する

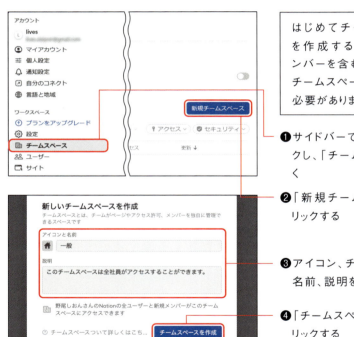

はじめてチームスペースを作成する場合は、全メンバーを含むデフォルトのチームスペースを作成する必要があります。

❶ サイドバーで「設定」をクリックし、「チームスペース」を開く

❷「新規チームスペース」をクリックする

❸ アイコン、チームスペースの名前、説明を入力する

❹「チームスペースを作成」をクリックする

❺ チームスペースにメンバーを招待する。ここでは「今はスキップ」を選択する（招待方法はP.354参照）

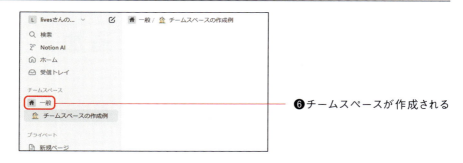

❻チームスペースが作成される

追加のチームスペースを作成する

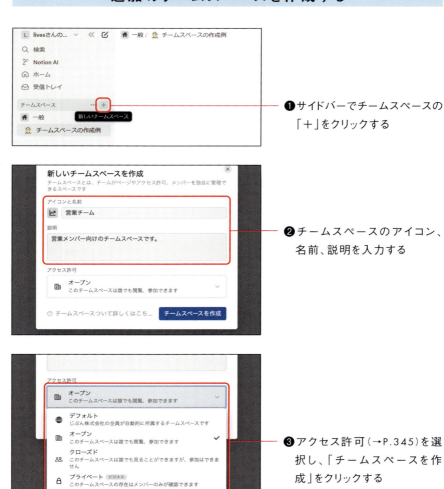

❶サイドバーでチームスペースの「＋」をクリックする

❷チームスペースのアイコン、名前、説明を入力する

❸アクセス許可（→P.345）を選択し、「チームスペースを作成」をクリックする

Technique 233

チームスペースにメンバーを追加／削除したい

チームスペースにメンバーを追加する方法はいくつかあります。P.348の方法でグループを作成していると、グループをまとめて追加できるので便利です。

メンバーやグループを追加する

❶チームスペースの「•••」→「メンバーを追加」をクリックする

❷ユーザーやグループを検索して選択する

❸権限を選択する(→P.345)

❹「招待」をクリックする

招待リンクからメンバーを追加する

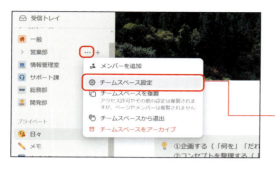

多くのメンバーを一度に追加したい場合は、チームスペースの招待リンクを共有します。

❶ チームスペースの「•••」→「チームスペース設定」をクリックする

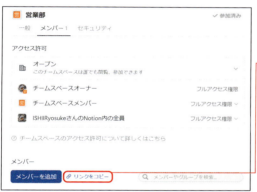

❷「リンクをコピー」をクリックし、リンクを招待したいメンバーに共有する

MEMO
選択できない場合は、「セキュリティ」タブの「招待リンク」をオンにしてください。

メンバーを削除する

❶ 上記手順2の画面で、メンバーのロールをクリックする

❷「削除」を選択する

Technique 234

既存のチームスペースに参加／退出したい

チームスペースに参加するとすぐに必要な情報を見ることができます。また、その必要がなくなったらチームスペースから退出して、常に必要な情報を厳選してサイドバーを見やすく保つのが良いでしょう。

チームスペースに参加する

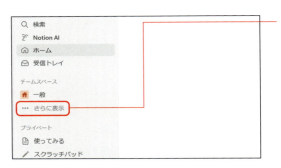

❶ チームスペースの「さらに表示」をクリックする

❷ チームスペースの「参加」をクリックする

MEMO
「クローズド」のチームスペースに参加するにはチームスペースオーナーの承認が必要です。「リクエスト」を押して承認を依頼します。

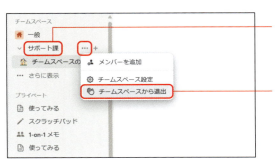

❸ チームスペースのセクションに表示される

❹ 退出する場合はチームスペースの「•••」→「チームスペースから退出」を選択する

Technique 235

チームスペースの名前やアイコンを変更したい

チームスペースの名前やアイコンは、あとから変更することができます。誰が見てもわかりやすい名前やイメージのアイコンを設定しましょう。

チームスペースの名前やアイコンを変更する

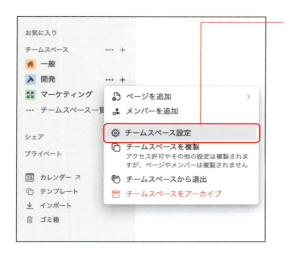

❶チームスペースの「•••」→「チームスペース設定」を選択する

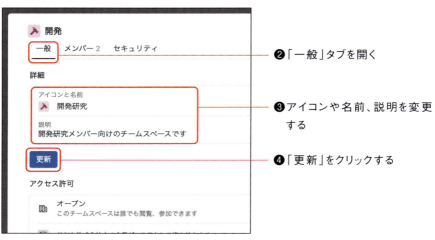

❷「一般」タブを開く

❸アイコンや名前、説明を変更する

❹「更新」をクリックする

Technique 236

オープンかクローズドか、アクセス許可を変更したい

ワークスペースの全員が参加するデフォルトチームスペース以外は、オープン、クローズド、プライベート（ビジネスプラン以上）のいずれかのアクセス許可をチームスペースごとに設定できます。

チームスペースのアクセス許可を変更する

❶チームスペースの「•••」→「チームスペース設定」をクリックする

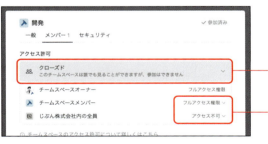

❷アクセス許可（→P.345）を変更する

❸必要があれば、メンバーの権限（→P.334）を変更する

POINT
自分が複数のチームスペースオーナーの場合

設定画面の「チームスペース」からまとめて変更することもできます。自分が複数のチームスペースオーナーの場合に便利な方法です。

Technique 237

メンバーをチームスペースオーナーに変更したい

チームスペースには、「チームスペースオーナー」と「チームスペースメンバー」の2種類のロールがあります（→P.345）。チームスペースオーナーは、メンバーのロールを変更できます。

メンバーのロールを変更する

❶ 前ページ手順1の操作をする

❷ チームスペースメンバー名の横のロールをクリックする

❸「チームスペースオーナー」をクリックする

❹「チームスペースオーナー」に変更される

Technique 238

チームスペースを作成できる人を制限したい

デフォルトでは、誰でもチームスペースを作成することができるため、チームスペースが乱雑に増えてしまうことがあります。このような状況を避けるためにチームスペースを作成できる人を制限できます。

ワークスペースオーナーのみに制限する

❶ サイドバーの「設定」をクリックし、「チームスペース」を開く

❷「チームスペースの作成をワークスペースオーナーのみに制限する」をオンにする

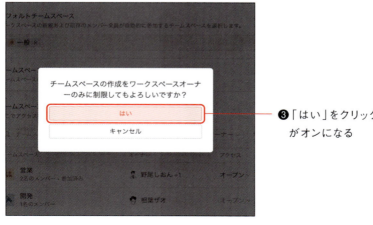

❸「はい」をクリックすると設定がオンになる

Technique 239

メンバーを招待できる人を制限したい

　参加できるメンバーが限られる「クローズド」や「プライベート」のチームスペースの場合、チームスペースオーナーは、メンバーがユーザーを招待できないように制限をかけることができます。

招待できるユーザーを制限する

❶チームスペースの「•••」→「チームスペース設定」をクリックする

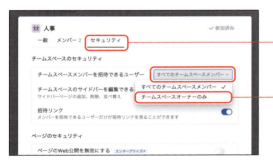

❷「セキュリティ」タブを開く

❸ここを「チームスペースオーナーのみ」に変更する

❹チームスペースメンバーの画面では、「メンバーを追加」が無効になる

Technique 240

サイドバーを編集できる人を制限したい

　サイドバーに表示されるチームスペース内のトップページの作成や並べ替えは、デフォルトではチームメンバーの誰でも行えます。これをチームスペースオーナーに制限するように設定できます。

チームスペースオーナーのみに制限する

「＋」からチームスペースのトップページを作成できますが、メンバーの画面でこれを非表示にします。

❶ チームスペースの「•••」→「チームスペース設定」をクリックする

❷「セキュリティ」タブを開く

❸ ここを「チームスペースオーナーのみ」に変更する

❹ チームスペースメンバーの画面では「＋」が非表示になる

Technique 241

チームスペースを保管＆非表示にしたい

チームスペースをもう使用しない場合、チームスペースオーナーはチームスペースをアーカイブして、サイドバーから削除できます。現時点では、チームスペースを完全に削除する機能はありません。

チームスペースをアーカイブする

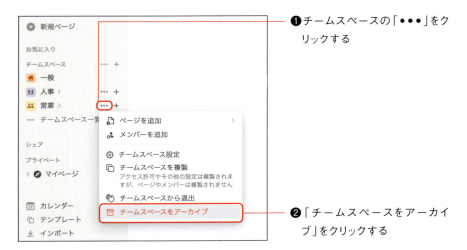

❶チームスペースの「•••」をクリックする

❷「チームスペースをアーカイブ」をクリックする

❸メッセージを確認し、チームスペース名を入力する

MEMO
薄いグレー色で表示されているチームスペース名を入力します。

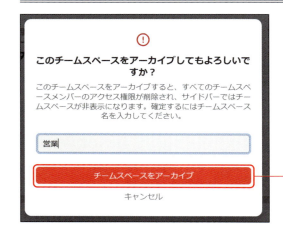

❹「チームスペースをアーカイブ」をクリックする

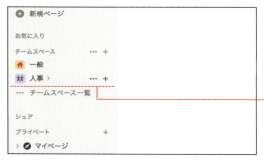

❺チームスペースがアーカイブされ、サイドバーから削除される

POINT

アーカイブ済みのチームスペースを復元したい

ワークスペースオーナーであり、かつ、チームスペースオーナーでもある場合は、チームスペースを復元することができます。設定画面の「チームスペース」の「アーカイブ済み」をオンにし、チームスペースの「•••」から「チームスペースを復元」を選択します。

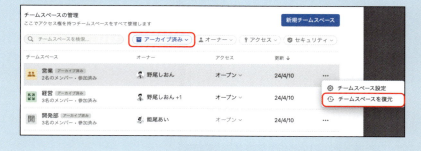

Technique 242

ページが編集されないように
ロックしたい

　共同で編集しているページは、うっかり間違って編集してしまったということを防ぐために、ページにロックをして編集をできないようにすることができます。編集したいときは、ロックをかんたんに解除できます。

ページをロックする

❶ページ右上の「•••」→「ページをロック」をオンにする

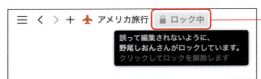

❷ページの左上に「ロック中」と表示される

❸クリックすると一時的に解除されて、編集可能になる

> **MEMO**
> ロックを完全に解除する場合は、ページ右上の「•••」→「ページのロック」をオフにします。

Technique 243

データベースの設定をロックしたい

データベースをうっかり間違って編集しないようにロックすることができます。ロックしたデータベースは、レイアウトやプロパティの変更はできません。コンテンツの編集は可能です。

データベースをロックする

❶ データベースの右上の「•••」→「データベースをロック」をクリックする

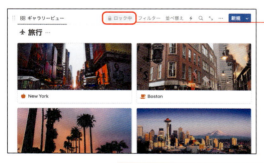

❷ データベースの上に「ロック中」と表示される

❸ クリックすると、一時的にロックが解除されてプロパティなどの編集が可能になる

> **MEMO**
> ロックを完全に解除する場合は、データベース右上の「•••」→「データベースのロックを解除」をクリックします。

第 **12** 章

ページの管理と設定

Technique 244

Notionの「ホーム」を便利に使いこなしたい

　Notionのホームには直近の予定やタスク、よく使うデータベースを表示しておくことができます。シンプルに情報をまとめられるので、今日やることを仕事をはじめる前にサッと確認できます。

ホームに表示されるもの

　サイドバーにある「ホーム」をクリックすると、ホーム画面が表示されます。

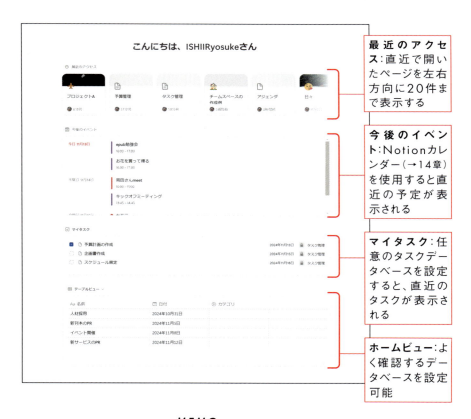

最近のアクセス：直近で開いたページを左右方向に20件まで表示する

今後のイベント：Notionカレンダー（→14章）を使用すると直近の予定が表示される

マイタスク：任意のタスクデータベースを設定すると、直近のタスクが表示される

ホームビュー：よく確認するデータベースを設定可能

MEMO
このほかにNotionの学習コンテンツとおすすめのテンプレートが表示されます。

「今後のイベント」をカスタマイズする

❶P.415の方法でNotionカレンダーを使用すると自動で表示される

❷「•••」をクリックすると、表示する期間や予定を設定できる

「マイタスク」にタスクデータベースを設定する

❶マイタスクに表示させたいデータベースで、「•••」→「カスタマイズ」→「タスク」をクリックする

MEMO
タスクデータベースは複数登録することが可能です。

❷必要なプロパティが選択されていることを確認する

MEMO
プロパティが不足している場合はプルダウンから新規作成できます。

❸「タスクデータベースに変換」をクリックする

❹ ホームに戻ると、マイタスクが表示される

MEMO
マイタスクにはあらかじめ、「担当が自分」「未着手と進行中のみ表示」「期限の昇順で表示」のフィルターと並べ替えが設定されています。

❺「新規タスク」からタスクの追加も可能

「ホームビュー」にデータベースを設定する

❶ ホームビューの「データベースを選択」をクリックする

❷ 表示したいデータベースを選択する

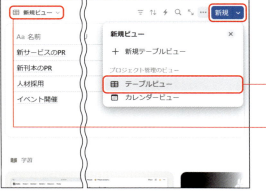

❸ 表示するビューを選択すると、ホームビューに表示される

❹ ここからデータベースの追加や、ビューの切り替えができる

ウィジェットの表示／非表示を切り替える

❶ホームにあるコンテンツ（ここでは「マイタスク」）の「•••」をクリックする

❷「ホームで非表示」を選択する

❸コンテンツが非表示になる

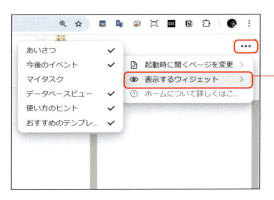

❹再表示するには、ホーム画面右上の「•••」→「表示するウィジェット」から選択する

MEMO

「最近のアクセス」を非表示にすることはできません。

Technique 245
ダッシュボードでサイドバーを整理したい

　ページをトップの階層に作成していくと、サイドバーに表示されるページが増えてしまい目的のページを見つけにくいです。カテゴリーごとに並べたダッシュボードをつくると見やすくなります。

ダッシュボードにページをまとめる

❶ダッシュボード用にページを作成し、カラムを使って分類をつくる

❷サイドバーからページをドラッグして移動すると、サイドバーが整理される

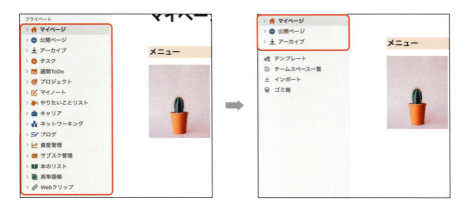

Technique 246

社内Wikiを作成したい

NotionにはWikiを作成する機能があります。ページをWikiに変換すると、通常のページとは異なり、さまざまな情報を管理するための仕組みが追加されます。

通常のページとWikiページの違い

Wikiに変換したページの中では、データベースと同じようにプロパティが設定できるようになります。デフォルトで追加されるのは「オーナー」「有効期限」「タグ」のプロパティで、これによって「このページの信頼性は誰が担保しているのか」「いつまで有効な情報か」などをページに付け加えることができます。具体的な画面と操作については、次ページ以降を参照してください。

Wikiページの特徴

- ページをデータベース形式で一覧表示できる
- サブページにオーナーや有効期限を設定できる
- Wiki内を対象に検索しやすくなる

ページをWikiに変換する

❶ ページ右上の「•••」→「Wikiに変換」をクリックして変換する

MEMO
Wikiを解除する場合は、「•••」→「Wikiを元に戻す」を選択します。

Wikiの表示を切り替える

❶ビューをクリックする

❷表示したいビュー(ここでは「すべてのページ」)を選択する
- **ホーム**：通常のページと同じ表示形式
- **すべてのページ**：Wikiページ内のすべてのページをデータベース形式で表示する
- **自分がオーナーのページ**：オーナープロパティが自分のページを一覧で表示する

❸ビューが切り替わり、Wiki内にあるサブページが一覧で表示される

POINT
データベース内のページは表示されない

Wikiページにデータベースを作成している場合、データベース内のページは「すべてのページ」「自分がオーナーのページ」のビューには表示されません。これは、インラインでもフルページでも同様です(フルページではデータベース名のみ表示される)。このようにWikiとデータベースは相性が悪いため、Wiki内はサブページを使って構成することをおすすめします。

サブページのオーナーや有効期限を設定する

❶「すべてのページ」または「自分がオーナーのページ」のビューを表示する

❷プロパティ欄をクリックして、有効期限やタグを設定する

> **MEMO**
> Wikiのプロパティは、データベースのプロパティと同様に名称や設定を編集できます。「＋」からプロパティの追加も可能です。

❸サブページを開くと、ページ上部にプロパティが表示される

> **MEMO**
> サブページ上でもプロパティを設定できます。

Wiki内を検索する

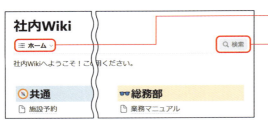

❶「ホーム」ビューを表示する

❷「検索」をクリックする

❸「ページ内」がオンになった状態で検索画面が開く

> **MEMO**
> この設定によって、Wikiページ内を対象に情報を検索できます。

Technique 247
よく使うページを「お気に入り」に表示したい

「お気に入り」の機能を使えば、ページをサイドバーの上部に固定表示できます。毎日アクセスするページや進行中のプロジェクトなど、よくアクセスするページを表示しておくとすぐにアクセスできて便利です。

ページをお気に入りに追加する

❶ページ右上にある「☆」をクリックする

❷サイドバーのお気に入りセクションにページが表示される

MEMO
お気に入りからページを削除するには、手順1の操作をもう一度行います。

Technique 248

複数のページをタブで開いておきたい

　Notionの複数のページを開きたい場合は、Ctrl(command)を押しながらリンクをクリックすると新規タブとして開きます。マウスを使えばホイールクリックでタブを開くこともできます。

Ctrl+クリックやホイールクリックで開く

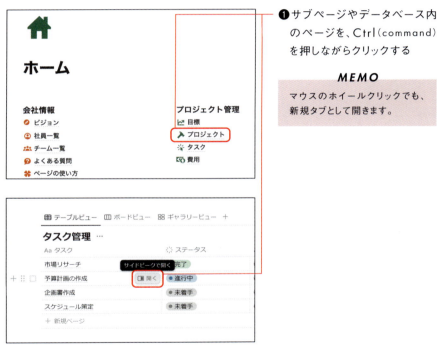

❶サブページやデータベース内のページを、Ctrl(command)を押しながらクリックする

MEMO
マウスのホイールクリックでも、新規タブとして開きます。

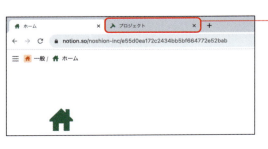

❷新規タブが開く

Technique 249

ページをPDFで書き出したい

NotionのコンテンツをPDF形式でエクスポートすることができます。ただし、データベースをエクスポートする場合は、表示しているビューにかかわらず、テーブルビューでエクスポートされます。

ページをPDF形式でエクスポートする

❶ページ右上の「•••」→「エクスポート」をクリックする

❷「PDF」を選択する

❸「エクスポート」をクリックする

❹PDFファイルを含むZIPファイルが作成される

MEMO
データベースは表示しているビューにかかわらず、テーブルビューで書き出されます。

Technique 250

ビューの見た目のままPDF化したい

　ページのエクスポート機能を使うとデータベースがテーブルビューで表示されますが、ブラウザの印刷機能を使えば、テーブル以外のビューでそのままPDF化することができます。

ブラウザの印刷機能を使う

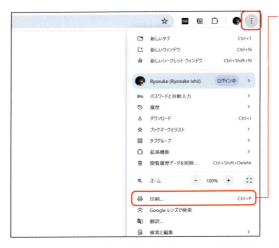

❶ブラウザのメニューから「印刷」を選択する

MEMO
ここではGoogle Chromeを使用しています。

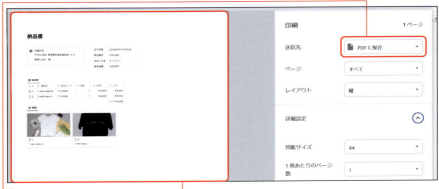

❷「PDFに保存」を選択する

❸「保存」をクリックすると、画面に表示されたままPDF化される

Technique 251

ページをテキストやCSVで書き出したい

ページのコンテンツはテキストやCSV形式でエクスポートすることができます。ページはマークダウン形式のテキストファイルで、データベースはCSVファイルで作成されます。

ページをマークダウンとCSVにエクスポートする

❶ P.378手順2の画面で、「マークダウンとCSV」を選択する

❷「エクスポート」をクリックする

❸ テキストファイルやCSVファイルの入ったZIPファイルが作成される

MEMO

ZIPファイルを展開すると以下のようなファイルが作成されます。
- ページ:ファイル名.md
- データベースのすべてのコンテンツ:ファイル名_all.csv
- データベースのフィルタリングされたコンテンツ:ファイル名.csv

Technique 252

すべてのページを書き出して バックアップしたい

　Notionのワークスペース全体のデータは一度にローカルに保存できます。データは、HTML、マークダウンとCSV、PDFとしてエクスポートされて、ZIPファイルでダウンロードできます。

ワークスペース全体をエクスポートする

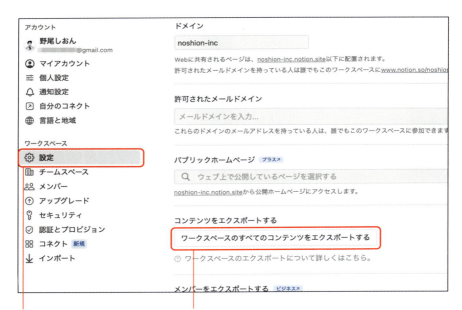

❶サイドバーにある「設定」をクリックし、「設定」を開く

❷「ワークスペースのすべてのコンテンツをエクスポートする」をクリックする

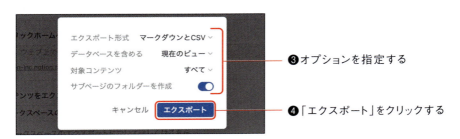

❸オプションを指定する

❹「エクスポート」をクリックする

オプション	選択肢
エクスポート形式	・PDF（ビジネスプラン以上） ・HTML ・マークダウンとCSV
データベースを含める	・現在のビュー ・デフォルトビュー
対象コンテンツ	・すべて ・ファイルや画像以外
サブページのフォルダーを作成	ON、OFF
コメントをエクスポート（HTMLのみ）	ON、OFF

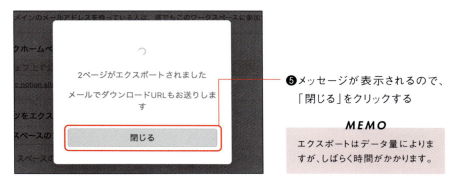

❺メッセージが表示されるので、「閉じる」をクリックする

MEMO
エクスポートはデータ量によりますが、しばらく時間がかかります。

❻エクスポートが完了すると「受信トレイ」に通知される

❼「ダウンロード」をクリックすると、ローカルにZIPファイルがダウンロードされる

MEMO
メールでもダウンロードURLを受信できます。

Technique 253

カレンダーを「月曜始まり」で表示したい

　データベースのカレンダービューは、日曜始まりから月曜始まりに変更することができます。個人の好みに合わせて設定しましょう。

週の始まりを月曜日にする

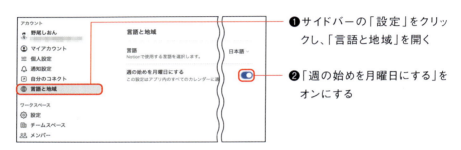

❶ サイドバーの「設定」をクリックし、「言語と地域」を開く

❷ 「週の始めを月曜日にする」をオンにする

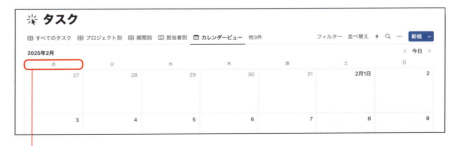

❸ カレンダーが月曜始まりで表示される

Technique 254

ダークモードの表示に切り替えたい

Notionのページの表示形式は、デフォルトのライトモードのほかにダークモードが用意されています。個人の好みにあわせて切り替えて使用できます。

表示設定をダークモードに切り替える

❶ サイドバーの「設定」をクリックし、「個人設定」を開く

❷ 表示設定を「ダークモード」に変更する

MEMO
「システム設定を使用する」は、WindowsやMacなどの表示設定に合わせる設定です。

❸ Notionがダークモードで表示される

MEMO
この表示形式は、ユーザーごとに設定を変更できます。チームで共有している場合は、ライトモードとダークモードの両方で見やすいページを作成すると良いでしょう。

Technique 255

使用する言語を変更したい

　Notionは英語、日本語、韓国語、フランス語、ドイツ語、スペイン語、ポルトガル語などに対応しています。表示言語は設定で変更することができます。

表示する言語を変更する

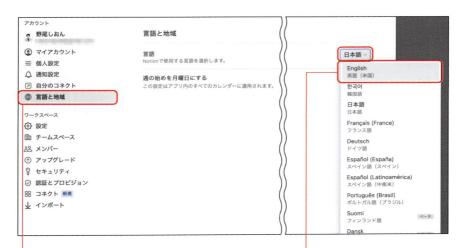

❶ サイドバーにある「設定」をクリックし、「言語と地域」を開く

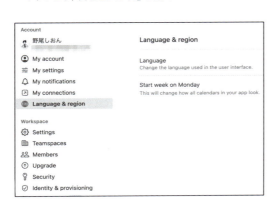

❷ 言語をリストから選択し、続けて「更新」をクリックする

❸ 選択した言語で表示される

MEMO
「日本語」に設定しているのに英語で表示されてしまう場合は、一度「英語」を選択してから、再度「日本語」を選択すると戻ることがあります。

12章 —— ページの管理と設定［表示設定］

Technique 256

Notion起動時に開くページを設定したい

　Notionの起動時やワークスペースの切り替え時に表示するページは、ホーム画面、最後に閲覧したページ、サイドバーのトップページなどから好みで選択できます。

起動時にホーム画面を開く

❶サイドバーの「設定」をクリックし、「個人設定」を開く

❷「起動時に開く」で「ホーム」を選択する

❸Notionの起動時に、ホーム画面が開く

第 **13** 章

Notion AI

Technique 257

Notion AIとは？

Notion AIは、Notionのワークスペース内で利用できるAI（人工知能）アシスタントです。Notion AIアドオンを追加購入すると無制限で利用できるようになります（→P.53）。

Notion AIの強み

最近では、ChatGPTなどの数多くのAIツールが存在しています。それらの一般的なAIツールとNotion AIの違いはどこにあるのでしょうか。私がNotion AIの強みであると考える点は2つあります。

1つ目は、自分たちで作成したコンテンツを有効活用して、新たな価値を生み出せる、ということです。他のAIツールは一般的な情報をもとにして回答を作成しますが、Notion AIは、ワークスペース内にあるコンテンツをもとにして返答します。例えば、〇〇さんに会ったのはいつ？、社内で〇〇する場合の申請方法は？などと質問すれば、Notionワークスペースにある情報をもとにして、あらゆる質問の回答をすぐに得ることができます。

さらに、Notion AIコネクターを使えば、SlackやGoogleドライブなどの外部サービスにある情報を含めて回答を作成することができます（執筆時点ではベータ版）。

2つ目は、Notion内で一連のプロセスが完結することです。他のAIツール上で生成した回答は、メモツールにコピー＆ペーストなどで保存する必要がありますが、Notion AIであれば、生成した結果をそのままNotion内に保存できて手間がかかりません。

他にも、事前に便利なプロンプトがたくさん用意されていて、どのように依頼したらよいのか迷ってしまう初心者でも使いやすい工夫がされています。

Notion AIの主な機能

Notion AIには、主な機能としてライター、自動入力、Q&Aの3つがあります。

ライター

テキストの作成や編集を行います。カスタムプロンプトを記述するか、用意されているプロンプトから選択します。

- ○○についての文章のドラフトを作成する
- 既存の文章を改善する、要約する、翻訳する、体裁を整える
- 文章のタイトルの候補を10個作成する、など

自動入力

膨大なデータベースのアイテムに基づいて、要約やキーワード抽出などをAIで自動入力します。

- アイテムの要約を自動入力する
- アイテムからキーワードを抽出をして自動でタグを付ける
- 翻訳を自動入力する、など

Q&A（質問応答）

AIに質問すると、即座に回答を得ることができます。会話形式で進められるので、非常にスムーズでまさに自分のアシスタントのように使えます。

- ○○の議事録の要約を教えてください
- ○○の進捗状況は？
- ○○の申請方法を教えてください、など

POINT

Notion のセキュリティ

AIツールを使用する際には、個人や社内のデータがAIのモデル学習に使われるのかということが気になりますが、Notionでは、ユーザーのデータをAIのモデル学習に使用することを禁止していますので、企業での機密情報を扱う場合も安心です。詳しくはNotionの公式情報をご確認ください。
https://www.notion.so/ja-jp/help/notion-ai-security-practices

Technique 258

Notion AIを呼び出す方法を知りたい

Notion AIはさまざまな場面で呼び出すことができます。まずは基本的な呼び出し方を押さえて、自分の使いやすい方法を見つけましょう。

ページ上で呼び出す

文頭で半角スペースを入力する

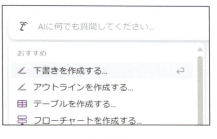

MEMO
Ctrl（command）＋Jキーを押してもNotion AIを呼び出せます。

［⋮⋮］から「AIに依頼」をクリックする

「/ai」と入力する

カスタムAIブロックを作成する

データベースにAI自動入力を組み込む

データベースのプロパティとして追加する

MEMO

「テキスト」「セレクト」「マルチセレクト」プロパティにAI自動入力を設定することもできます（→P.402）。

Q&Aチャットを呼び出す

ページ右下のAIアイコンをクリックする

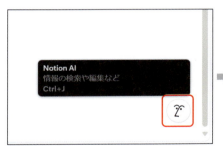

サイドバーの「Notion AI」をクリックする

Technique 259

文章やアイデアを作成する

　Notion AIに、文章の下書きやアイデア出しを依頼してみましょう。ここではスペースキーを押してNotion AIを呼び出してからプロンプトを入力します。

文章の下書きを作成する

❶文頭で半角スペースを入力し、以下のような内容を入力する

プロンプト例 Notionの魅力を社長に伝えるための案を考えてください

❷文章が作成される

❸「許可」をクリックする

MEMO
「やり直す」で別の応答をもらうことができます。

Technique 260

文章の品質を向上する

　Notion AI を使えば、既存の文章の品質をよくすることも短時間で可能です。ここでは前ページで作成した文章に、具体的な事例を追加するように依頼します。

既存の文章に事例を追加する

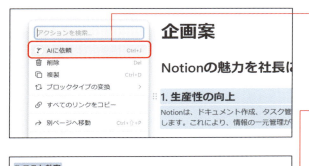

❶既存の文章を選択し、「AIに依頼」を選択する

❷指示する内容を入力する

MEMO
このとき、メニューから「文章を改善する」を選ぶとNotion AIがすぐに文章の改善案を示してくれます。

プロンプト例 具体的な事例を追加してください

❸事例が追加された

Technique **261**

文章のフォーマットを整える

　既存の文章を特定のフォーマットに沿った形式に変換してみましょう。ここでは、前ページの文章からさらにNotion AIに依頼して、企画書のフォーマットに整えます。

企画書のフォーマットに整える

情報の見落としや二重入力のリスクが減少し、業務の効率が向上します。

具体例: 法律事務所が過去のケースファイルやリサーチをNotionに保存し、強力〜て必要な情報を迅速に見つけ出しています。

7. コスト効率

複数のツールを使用する場合に比べて、Notionはコストパフォーマンスに優れて企業にとっては、コスト削減と業務効率化を同時に達成できる点が魅力です。

具体例: 中小企業がNotionを導入し、複数のツールを一つのプラットフォームに〜年間のソフトウェアコストを50%削減することができました。

これらの理由から、Notionは多くの企業やチームにとって非常に有用なツールと

企画書のフォーマットで作成してください

❶ 文章を選択してCtrl（command）＋Jキーを押す

❷ 以下のようなプロンプトを入力する

> **プロンプト例** 企画書のフォーマットで作成してください

Notion導入企画書

目的

Notionを導入することで、業務の効率化とコスト削減を図り、チーム全体の生産性を向上させることを目的とします。

Notionの魅力

1. オールインワンのワークスペース

Notionは、メモ、タスク管理、データベース、カレンダー、プロジェクト管理など、さまざまな機能を一つのプラットフォームで提供しています。これにより、複数のツールを使い分ける手間が省け、効率的に業務を進めることができます。

具体例:
あるスタートアップ企業では、Notionを使ってプロジェクト管理、議事録の保存、タスクの割り当てを一元管理しています。これにより、チーム全体が常に最新の情報を共有でき、業務の効率が大幅に向上しました。

2. 柔軟なカスタマイズ

個々のニーズに合わせてページを自由にカスタマイズできます。テンプレートを利用することで、チーム全体で共通のフォーマットを使用しつつ、個別の要件にも対応可能です。

具体例:
某教育機関では、各授業のシラバスや教材をNotionで管理しています。教師ごとにカスタマイズさ

❸ タイトル、目的、結論などが追加される

Technique 262

文章を日本語や英語に翻訳する

Notion AIを使えば即座に翻訳できます。英語のメールやレポートを書くときに日本語から英語に翻訳したい、逆に、英語の論文のPDFファイルをNotionにインポートして読みたい、などに幅広く活用できます。

英語を日本語に翻訳する

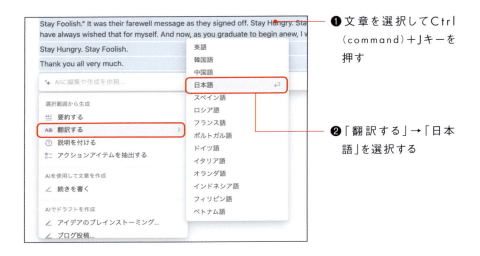

❶文章を選択してCtrl（command）＋Jキーを押す

❷「翻訳する」→「日本語」を選択する

❸日本語に翻訳される

Technique 263

長文を要約する

長いブログ、ニュース記事、論文などの全体像を短時間で把握したい場合は、Notion AIで要約を作成すると便利です。

文章を要約したい

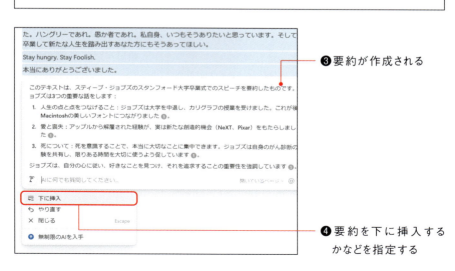

プロンプト例 250文字程度で要約してください

❶ 文章を選択してCtrl（command）＋Jキーを押す

❷ 以下のようなプロンプトを入力する

❸ 要約が作成される

❹ 要約を下に挿入するかなどを指定する

Technique **264**

会議の文字起こしから議事録を作成する

文字起こしをできるツールとNotion AIを組み合わせれば、会議やインタビューを効率よく記録に残せます。また、誤字が目立つ場合にAIに「文章を改善する」と依頼すれば、自然な文章に修正してくれます。

文字起こしから議事録を作成する

田中：お願いします。楽しみですね。
鈴木：はい、楽しみです。次回の会議でまたお話ししましょう。
田中：そうですね。それでは、今日はこれで終わりにしましょう。お疲れ様でした
鈴木：お疲れ様でした。

✦ 議事録を作成してください

❶文章を選択してCtrl（command）＋Jキーを押す

❷以下のようなプロンプトを入力する

プロンプト例 議事録を作成してください

議事録

❸議事録が作成される

日時
- 日付: YYYY年MM月DD日
- 時間: HH:MM

議題
- 次の旅行の行き先決定

議事内容
1. **旅行の行き先候補の絞り込み**
   - 国内か海外かを検討。
     - 国内: 移動が楽、温泉地（箱根、草津など）が候補。
     - 海外: 新しい文化に触れられる、リラックスできる場所を希望。
   - 鈴木はリラックスできる場所を希望。
   - 国内の温泉地も魅力的だが、もう少し遠くに行きたいとの意見。
2. **海外の候補地**
   - ヨーロッパ（フランス、イタリアなど）: 魅力的だが予算が高い。
   - アジア（タイ、ベトナムなど）: 比較的安価で楽しめる。
     - 特にタイのバンコクは観光地が多く、食べ物も美味しい。
   - オーストラリア、ニュージーランド: 自然も都市も楽しめるが、移動時間

13章 ── Notion AI［ライター］

Technique 265

議事録からアクションアイテムを作成する

議事録の中から、次に行うべきアクションをAIに抽出してもらいましょう。アクションアイテムをタスク管理のデータベースに追加するときにも便利です。

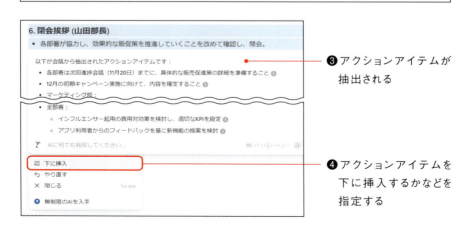

アクションアイテムを作成する

❶ 文章を選択してCtrl（command）＋Jキーを押す

❷ 以下のようなプロンプトを入力する

プロンプト例　アクションアイテムを抽出してください

❸ アクションアイテムが抽出される

❹ アクションアイテムを下に挿入するかなどを指定する

Technique 266

箇条書きから表を作成する

箇条書きの文章を一目でわかりやすいように表にまとめてみましょう。Notion AIに依頼すれば、即座に表の形式に変更してくれます。

タイムテーブルを作成する

❶ 文章を選択してCtrl（command）＋Jキーを押す

❷ 以下のようなプロンプトを入力する

プロンプト例　表で作成してください

❸ 表形式に変換される

Technique **267**

長い文章を箇条書きリストに変換する

　長い文章を箇条書きにすると、構造的にシンプルになり誰が読んでもわかりやすくなります。AIに依頼して、文章を箇条書きに変換してみましょう。

箇条書きに変更する

ストレス管理も重要です。現代社会ではストレスは避けられないものですが、ヨガのエクササイズなど、自分に合った方法でリラクゼーションを取り入れましょう。スできる時間を持つことも、心の健康を保つために重要です。ストレスを感じたと家族と話をすることで気持ちを共有し、支え合うことも有効です。

また、定期的な健康診断を受けることも、早期に健康問題を発見し対処するため康診断では、血液検査や尿検査、身体計測などを通じて、現在の健康状態を総合的ができます。早期発見された問題は、早期に治療を開始することで重篤化を防ぐこ

最後に、アルコールの摂取を控え、禁煙を心がけることが健康維持に繋がります。量であれば健康に良い影響を与えることもありますが、過剰摂取は肝臓や心臓に負となります。禁煙は、肺機能を改善し、心血管疾患のリスクを下げるために非常に

これらの実践を積み重ねることで、より健康的な生活を送ることができるでしょ努力が、長期的な健康に繋がることを忘れず、継続的に取り組むことが大切です。

✦ 箇条書きにしてください

❶文章を選択してCtrl（command）＋Jキーを押す

❷以下のようなプロンプトを入力する

> **プロンプト例** 箇条書きにしてください

- バランスの取れた食事を心がける
  - 新鮮な果物や野菜、全粒穀物、低脂肪のタンパク質を摂取
  - 加工食品や高糖分の食品を避ける
  - 食材の旬を意識する
  - 規則正しい食事の時間を守る
- 定期的な運動を行う
  - 週に少なくとも150分の中程度の有酸素運動、または75分の高強度の運動
  - 筋力トレーニングを取り入れる
  - 有酸素運動（ウォーキング、ジョギング、サイクリング、水泳など）
  - 筋力トレーニング（筋肉強化、基礎代謝向上）
  - 柔軟性を高めるストレッチやヨガ
- 十分な睡眠を確保する
  - 成人は1晩に7〜9時間の睡眠
  - 睡眠の質を高めるための環境整備（カフェイン摂取を控える、温度や照明の トフォンやパソコンの使用を控える）

❸箇条書きが作成される

Technique 268

フロー図を作成する

　AIを使えば、Mermaid記述によフロー図（フローチャート）をかんたんに作成することができます。業務フローなどを表現するときに便利です。

フロー図を作成する

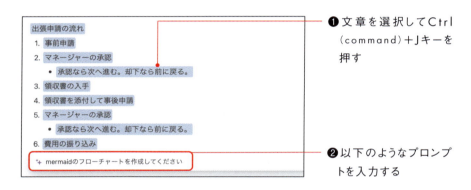

❶文章を選択してCtrl（command）＋Jキーを押す

❷以下のようなプロンプトを入力する

プロンプト例 mermaidのフローチャートを作成してください

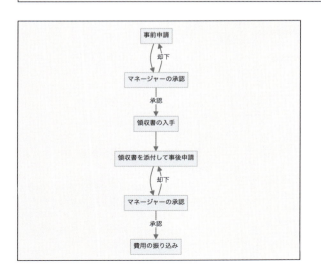

❸フロー図が作成される

Technique 269

コンテンツを自動で
カテゴリー分けする

データベースのAI自動入力を使うと、コンテンツの内容に応じたプロパティを自動で入力することができます。ここではNotion Webクリッパー（→P.44）で保存したニュース記事やブログをカテゴリー分けします。

データベースでタグを自動入力する

❶「セレクト」または「マルチセレクト」のプロパティを作成し、「AI自動入力」をオンにする

❷「新しいオプションを生成」はオフにする

MEMO
オンにするとAIが新しいオプションを作成し、オフにすると既存のオプションのみを使用します。

❸「更新」をクリックする

❹プロパティが自動入力される

MEMO
AI自動入力を設定したプロパティ名をクリックし、「すべてのページを自動入力」をクリックすると一括で自動入力できます。

Technique 270

コンテンツの要約を自動で作成する

　データベースのAI自動入力には、あらかじめ「AI要約」プロパティが用意されています。コンテンツの内容を自動で要約してくれるため、議事録や記事などの要約に便利です。ここでは記事の要約を自動入力します。

要約を自動入力する

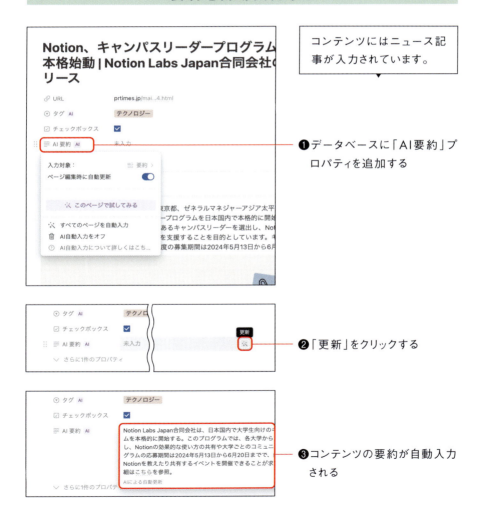

コンテンツにはニュース記事が入力されています。

❶データベースに「AI要約」プロパティを追加する

❷「更新」をクリックする

❸コンテンツの要約が自動入力される

Technique 271

レシピから材料だけを自動抽出する

AIを使えば、レシピから必要な食材を抜き出すこともかんたんです。ここでは「AIカスタム自動入力」プロパティを使って、Notion Webクリッパーで保存したレシピから、材料を自動入力します。

レシピから材料を抜き出す

コンテンツにはレシピが入力されています。

❶ データベースに「AIカスタム自動入力」プロパティを追加する

❷ 以下のようなプロンプトを入力して、「変更を保存」をクリックする

プロンプト例 コンテンツから材料を抜き出してください

❸ プロパティの「更新」をクリックすると自動入力される

MEMO
レシピには、画像が一目でみられる「ギャラリービュー」がおすすめです。ここでは材料のプロパティを表示し、レイアウトの編集画面で「全プロパティを右端で折り返す」に設定しています。

Technique 272

AI翻訳とAIカスタム自動入力で単語帳をつくる

AIを使えば、語学学習者のための英単語帳を効率的に作成することができます。ここでは、データベースのAI翻訳とAIカスタム自動入力を組み合わせて作成します。

英単語帳を作成する

❶ 単語帳にするデータベースを作成する。ここでは英単語と品詞を入力している

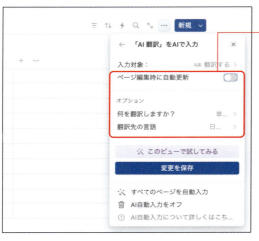

❷ 「AI翻訳」プロパティを追加して、以下の設定にする

- **ページ編集時に自動更新**：オフ
- **何を翻訳しますか？**：単語
- **翻訳先の言語**：日本語

MEMO
「ページ編集時に自動更新」をオフにしておけば、手動でも編集できます。

❸ 次に「AIカスタム自動入力」プロパティを追加して、以下の設定にする

- **ページ編集時に自動更新**：オフ
- **何を生成しますか？**：Create an example sentence using the word.

❹「変更を保存」をクリックする

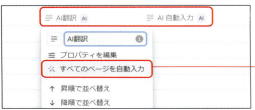

❺ プロパティ名をクリックして、それぞれ「すべてのページを自動入力」を選択する

❻ 英単語の翻訳と例文が自動入力される

Technique 273

Q&Aにページ内を要約してもらう

　作業中のページでQ&Aを開くと、このページの要約、アクションアイテムの抽出、翻訳といった、おすすめの項目が表示されます。この項目を選べばすぐにAIに作業を依頼できます。

Q&Aで要約する

❶ページ右下のAIアイコンをクリックする

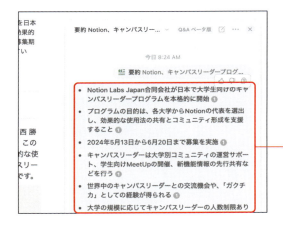

❷「要約（このページ）」を選択する

❸ページの中が要約される

Technique **274**

Q&Aチャットになんでも質問する

Notion AI Q&Aにはどんな内容でも質問することができます。ワークスペース内のコンテンツを探したり、ワークスペース内に情報がなければ一般的な知識で回答されます。

Q&Aチャットに質問する

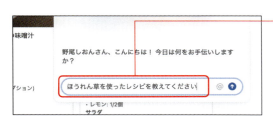

❶ページ右下のAIアイコンをクリックし、質問を入力してEnterキーを押す

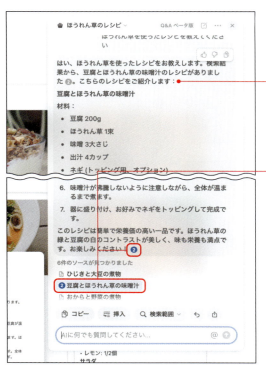

❷回答が作成される

❸回答の作成に参照したページが表示され、番号をクリックするとページが開く

MEMO

ワークスペースに情報がない場合は一般的な知識で回答され、「AIが生成」と表示されます。

Technique 275

Q&Aの回答をデータベースに保存する

　Q&Aが作成した回答は、Notionのデータベースやページに保存することができます。ここではAIが作成したレシピを、レシピのデータベースに保存します。

回答をデータベースに保存する

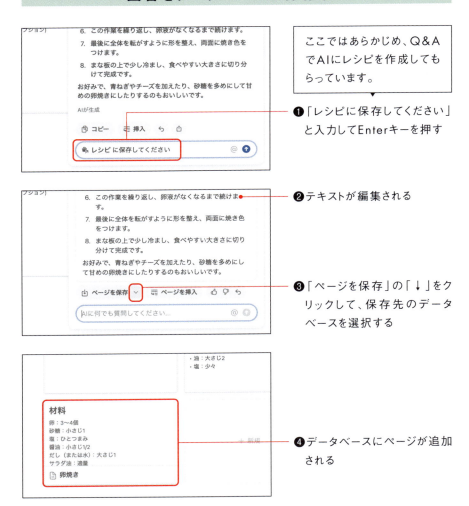

ここではあらかじめ、Q&AでAIにレシピを作成してもらっています。

❶「レシピに保存してください」と入力してEnterキーを押す

❷テキストが編集される

❸「ページを保存」の「↓」をクリックして、保存先のデータベースを選択する

❹データベースにページが追加される

Technique 276

Q&Aで新しくチャットをはじめたい

Q&Aチャットの一連のやりとりを終了して、次の作業を開始したい場合は、新しいチャットを開きます。

新規チャットをはじめる

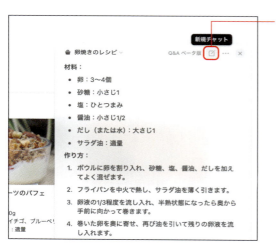

❶Q&A右上の「新規チャット」をクリックする

❷新しいチャットが開く

Technique 277

Q&Aの検索範囲を指定したい

標準では、Q&AはNotionのアクセス可能なすべてのページに基づいて検索します。特定のページやチームスペースのみを検索したい場合は、検索する範囲を指定することができます。

Q&Aの検索範囲を指定する

❶ページ右下のAIアイコンをクリックし、「•••」→「検索範囲」をクリックする

❷表示された項目を選択、もしくはページを検索してクリックすると、検索範囲が設定される

MEMO

検索範囲を解除したいときは、「アクセス可能なすべての情報」をクリックします。

Technique 278

Q&Aのチャット履歴を表示したい

過去にQ&Aチャットでやりとりした情報は、履歴として見直すことができます。サイドバーのNotion AIから表示することも、チャット画面から表示することも可能です。

Q&Aのチャット履歴を表示する

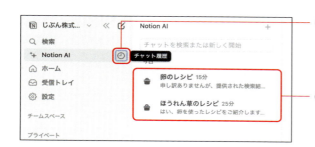

❶サイドバーのNotion AIにある「チャット履歴」をクリックする

❷履歴が表示され、クリックするとやりとりした情報が表示される

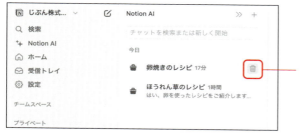

❸チャット履歴を削除する場合は、ゴミ箱アイコンをクリックする

POINT
チャット画面で表示する場合

チャット画面の右上にある「•••」→「チャット履歴を表示」からも履歴を確認できます。

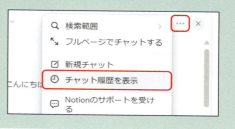

第 **14** 章

Notionカレンダー

Notionカレンダーとは？

　Notionカレンダーとは、Notionワークスペースと独立して使用できるカレンダーアプリです。Notionのワークスペースと接続したり、Googleカレンダーと同期したりすることができます。

Notionカレンダーの特徴

　NotionカレンダーはGoogleカレンダーと同期させることで使用しますが、最大の特徴はNotion内のデータベースと接続できることです。例えば、プロジェクトごとに複数のタスクデータベースがあっても、Notionカレンダーにまとめて表示することができるので効率的です。Notionカレンダーを使えば、個人も仕事もすべてのスケジュール管理を一元管理することができます。

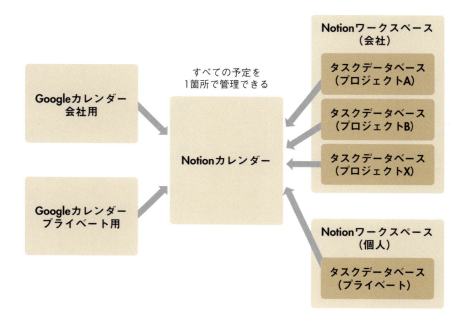

　以降の解説ではWeb版のNotionカレンダーを使用します。別途、デスクトップアプリ（Mac、Windows）やモバイルアプリ（iOS、Android）も用意されているので、ご自身の環境にあわせて選択してください。

Technique 280

Notionカレンダーを使うには？

　Notionカレンダーを使用するにはGoogleアカウントが必要です。Googleアカウントを持っていない方は事前に作成してから連携しましょう。

Googleカレンダーと同期する

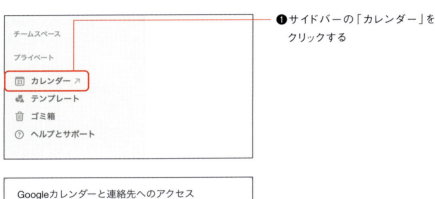

❶サイドバーの「カレンダー」をクリックする

❷Googleカレンダーへのアクセスが要求されるので、画面に従って許可する

❸Notionカレンダーが開き、Googleカレンダーの予定が表示される

Technique 281

データベースの予定を Notionカレンダーに表示したい

Notionカレンダーの特徴は、Notionのデータベースをカレンダーと接続できることです。データベースの予定をNotionカレンダーに表示してみましょう。

データベースの予定を表示する

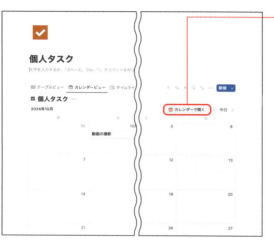

❶ カレンダービューの右上にある「カレンダーで開く」をクリックする

MEMO
「カレンダーで開く」は、カレンダービューとタイムラインビューでのみ表示されます。

❷ Notionカレンダーが開き、個人タスクのデータベースのスケジュールが表示される

MEMO
同様にして、複数のデータベースをカレンダーに追加できます。

デフォルトのカレンダーを変更する

❶ カレンダーを右クリックして、「カレンダーをデフォルトにする」を選択する

MEMO

デフォルトに設定されたカレンダーは、予定を追加する際に、自動的に登録先として選択されます。

❷ デフォルトのカレンダーが変更されて太枠で表示される

POINT

リストからカレンダーを削除するには？

カレンダーを右クリックして、「リストからカレンダーを削除」を選択するとカレンダーを削除できます。

Technique 282

カレンダーに予定を追加したい

Notionカレンダーでは、NotionのデータベースにもGoogleカレンダーにもスケジュールを追加することができます。もちろん、編集や削除もかんたんに行えます。

Notionデータベースに予定を追加する

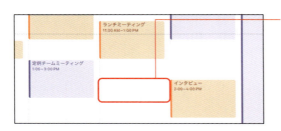

❶ 追加したい日や時間をダブルクリックもしくはドラッグする

❷ 追加先のカレンダー（ここではNotionデータベース）を選ぶ

MEMO
あらかじめデフォルトのカレンダーが選択されています。

❸ 予定のタイトルや日時を設定する

MEMO
「Notionで開く」をクリックすると、作成されたNotionページが開きます。

❹ 予定が追加される

MEMO
予定をクリックすれば画面右側で内容を編集できます。

418

Technique 283

予定にNotionのページを紐づけたい

予定をGoogleカレンダーに作成した場合は、その予定にNotionのページを紐づけることができます。ミーティングに必要なアジェンダや議事録などを紐づけておけばすぐに参照できて便利です。

Googleカレンダーにページを紐づける

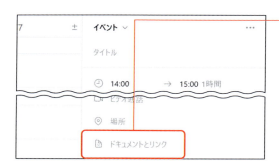

❶Googleカレンダーに追加した予定をクリックし、「ドキュメントとリンク」をクリックする

❷そのまま入力して検索し、ページを選択する

MEMO
Notionに新規ページを作成することもできます。

❸ページが紐づけられ、クリックするとNotionのページが開く

Technique 284

カレンダーの色や
表示形式を変更したい

　カレンダーの色を変更したり、カレンダーを非表示にしたりして表示を見やすくすることができます。また、日ごとや月ごと、特定の日数でカレンダーを表示することも可能です。

カレンダーの色を変更する

❶カレンダーを右クリックして色を選択する

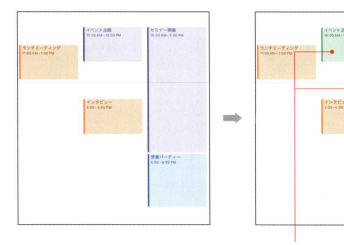

❷予定の色が変更される

カレンダーを非表示にする

❶カレンダーの右のアイコンをクリックすると、予定の表示／非表示を切り替えられる

カレンダーを日ごと、月ごとに表示する

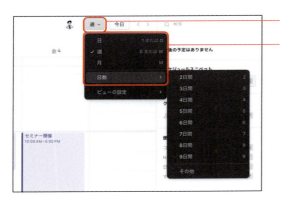

❶ここをクリックする

❷日、週、月を選択する。ここでは「日数」→「その他」から「31日間」を選ぶ

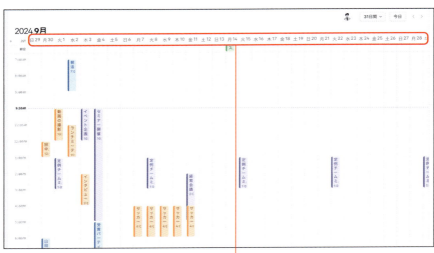

❸特定の日数でカレンダーが表示される

Technique 285

自分のタスクのみを
カレンダーに表示したい

カレンダーはビューごとに表示されます。つまり、データベースは1つでも、ビューごとに複数のカレンダーを表示できるので、担当者でフィルタリングしたビューを用意すればその担当者の予定だけを表示できます。

フィルターを設定したビューを表示する

❶ データベースでビューを作成して、フィルターを設定する

❷「カレンダーで開く」をクリックする

❸ Notionカレンダーでビューが表示される

MEMO
1つのデータベースから複数のビューを表示すると、データベース名とともにビュー名（ここでは「自分」）が表示されます。

14章 ── Notionカレンダー［表示の設定］

Technique 286

海外とのやり取りのために
タイムゾーンを表示したい

　海外にいるメンバーと日程調整するときに、いま、NYでは何時かな？と調べると手間がかかります。Notionカレンダーではタイムゾーンを複数表示できるので、よく話す相手の時間を表示しておきましょう。

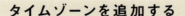
タイムゾーンを追加する

❶ タイムゾーンの横の「＋」をクリックする

MEMO
カレンダーが「月」表示の場合は表示されません。

❷ タイムゾーンを選択する

MEMO
「ラベル」を入力すると、「GMT－4」といった表記を「NY」のように表示できます。

❸ タイムゾーンが追加される

MEMO
タイムゾーンの削除は、タイムゾーンを右クリックしたメニューから行えます。

Technique 287

効率的に日程を調整したい

打ち合わせの日程を調整するときに、自分の空き時間を相手に共有したり相手の予定を聞いてカレンダーに登録することも、Notionカレンダーに任せれば効率的に行えます。

空き時間を共有する

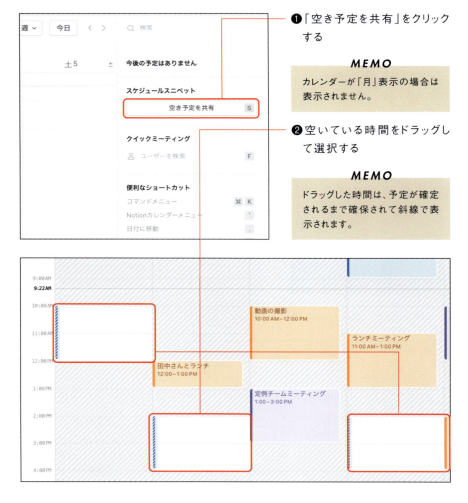

❶「空き予定を共有」をクリックする

MEMO
カレンダーが「月」表示の場合は表示されません。

❷ 空いている時間をドラッグして選択する

MEMO
ドラッグした時間は、予定が確定されるまで確保されて斜線で表示されます。

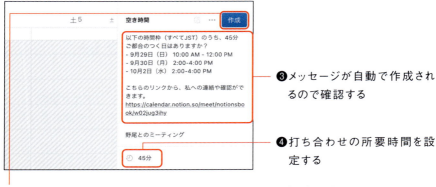

❸メッセージが自動で作成されるので確認する

❹打ち合わせの所要時間を設定する

❺「作成」をクリックすると、メッセージがコピーされるので相手に送る

❻相手はリンクを開き、日付と時間を選択してミーティングを設定する

MEMO
相手側のNotionアカウントの有無に関わらず、誰でも使用できます。

❼自分のカレンダーに予定が追加される

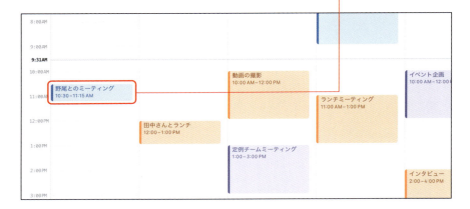

Technique 288

ビデオ会議を設定したい

ビデオ会議のアカウントを設定しておくと、予定の追加時に、ビデオ会議のリンクを自動的に作成することができて効率的です。Google MeetとZoomが設定できます。

Zoom会議の設定をする

❶Gキー→Sキーの順に押してカレンダーの設定画面を開き、「ビデオ通話」を開く

❷「ビデオ通話」から「Zoom」を選択して、Zoomアカウントを接続する

❸接続されると、Zoomのアカウントが表示される

❹P.418を参考にGoogleカレンダーに予定を追加し、「ビデオ通話」→「Zoom」をクリックする

MEMO

ビデオ通話を登録するには、Googleカレンダーに対して予定を追加する必要があります。

❺Zoomのリンクが自動的に作成される

POINT

便利な機能を探してみよう

Notionカレンダーには便利な機能がたくさんあります。さらに詳しく知りたい場合は、右下のアイコンから、ショートカットやヘルプセンターを確認してみてください。

索引

記号

％表示	113
＠コマンド	37
[[コマンド	37
￥表示	113
＋コマンド	37

英字

AIカスタム自動入力	404, 406
AI自動入力	402
Box	214
CSV形式	200
CSVで書き出し	380
Dropbox	214
Evernote	198
Excel	86, 200
Googleカレンダー	210
Googleスプレッドシート	209
Googleマップ	212
KaTeX	298
Notion AI	388, 390
Notion AIアドオンプラン	53
Notionカレンダー	414
PDFで書き出し	378, 379
PDFのプレビュー表示	85
Q&A	389, 408
Slack通知	208, 268
Slackのスレッドをプレビュー	206
Slackのメッセージを保存	204
ToDoリスト	56
Unsplash	73
Webクリッパー	44
Web公開	338, 340
Web公開して編集	341
Webリンク	168
Wikiに変換	373
YouTube動画	74
YouTube動画のサムネイル	243
Zoom	213, 426

あ行

アイコンを追加	279, 282
アイテム	88
空き予定を共有	424
アクション	246
アクセス許可	345, 358
依存関係	122
一意の値を表示する	189
入れ子	30
インポート	198, 200
引用サイズ	61
引用ブロック	60
インライン式	67
インラインデータベース	91
インラインに変換	93
エクスポート	378
絵文字	62, 63
オープン	345
お気に入り	376
同じ階層に並べる	121
オプション（ステータス）	107
オプションの一括作成	112
親アイテムのみ	121
オリジナルを表示する	188

か行

カードサイズ	160
改行	26
解決したコメントを再表示	315
階層化	30
階層リンク	275
外部サービスと接続	202
外部ユーザーの招待	332
確認を表示	260
箇条書きの記号を変更	59
箇条書きリスト	57
画像の埋め込み	72, 73
画像のサイズを変更	76
画像のトリミング	75
画像の配置を変更	77

カバー画像を追加	280
カラーコード	301
カラム	27, 28
カレンダーで開く	416
カレンダービュー	96
関数	216
起動時に開く	386
キャプション	78
ギャラリービュー	97
切り上げ	237
切り捨て	237
区切り線	273, 305
繰り返しタスク	132
グループ（ステータス）	107
グループ（ビュー）	142, 144, 146
グループ（メンバーの管理）	348
グループ化（チャート）	150
グループごとの割合	196
クローズド	345
ゲストの招待	332
月曜始まり	383
権限レベル	334
検索	45, 46, 47, 48
合計	163, 193
更新履歴のサイドバー	317
高度なフィルター	138
コードブロック	64
コールアウト	292, 294
ゴミ箱	51
ゴミ箱に移動	23
コメント	308
コメント権限	334
コメントサイドバー	314
コメントを解決	312
コメントを最小化／非表示	291, 316
今後のイベント	369
コンテンツ編集権限	334

さ行

最大	165
サイトのカスタマイズ	339
サイドピーク	159
サジェストモード	318
サブアイテム	120
サブグループ	146
サブページ	21
左右の余白を縮小	276
時間を含む	70, 116
式に変換	67
式ブロック	66
四捨五入	237
下書き	392
自動入力	389
四半期を表示	235
社内Wiki	373
終了日	70, 116
承認フロー	258
ショートカット	40
新規ビューとして保存	137
数学演算子	217
数式	66, 216
数式プロパティ	217
数値の形式	113
数値プロパティ	113
ステータスプロパティ	107
すべてカウント	162, 190
すべての列を右端で折り返す	157
スラッシュコマンド	32
税込価格	238
セレクト表示	111
セレクトプロパティ	112
線グラフ	147

た行

ダークモード	384
代替テキスト	78
タイムゾーンを表示	423
タイムラインビュー	95

タスクの階層化	120
達成度	239
縦線を非表示	286
縦棒グラフ	147
単位の変換	242
チームスペース	345, 352, 357
チームスペースオーナー	345, 359
チームスペースメンバー	345, 359
チームスペースをアーカイブ	363
チェックボックス表示	110
置換	47
チャートのカラー	151
チャートビュー	97, 147
チャートを画像で保存	152
チャット履歴	412
中央値	164
データのコピー	119
データベース	88
データベースオートメーション	247, 261
データベース検索	48
データベースの新規作成	90
データベースボタン	247, 254
データベース名を非表示	283
データベースをロック	366
テーブルのカラー	83
テーブルの作成	79
テーブルビュー	94
テーブルをデータベースに変換	84
デフォルト（アクセス許可）	345
デフォルトに設定	130
テンプレート	42
テンプレート（データベース）	128, 130, 132
動画の埋め込み	72, 74
同期ブロック	176, 178
投票ボタン	256
ドーナツグラフ	147
トグルの下にネスト	121
トグル見出し	271
トグルリスト	272
ドメインの変更	342

トリガー	246
トリミング	75

な行

並べ替え	140
並べ替え条件の優先度	141
日数のカウント	219, 222

は行

バージョン履歴	49
バー表示	114
背景色	296, 297, 300
バックアップ	381
バックリンク	174
バックリンクの非表示	175, 290
番号付きリスト	58
比較演算子	217
引数	216
日付の形式	71, 117
日付の入力	68, 69
日付の入力（ドラッグ操作）	126
日付範囲	166, 195
日付プロパティ	116, 117, 134
ビュー	89, 94
ビューのアイコンを変更	285
ビューの追加	98
ビューの並列表示	124
ビューの変更	100
フィルター	134
フィルターグループを追加	139
フィルターの非表示／削除	135
フィルターの保存	137
フィルタールールを追加	138
フォーム	328
フォントを縮小	278
復元	49, 51
ブックマーク	168
フルアクセス権限	334
フルページ（ページの開き方）	159
フルページデータベース	91

フルページに変換	92
フロー図	401
プログレスバー	114
ブロック	19
ブロックタイプの変換	31
ブロック内改行	26
ブロックの新規作成	24
ブロックの複製／削除	25
ブロックへのリンク	169
プロパティ	89, 101
プロパティのアイコンを変更	284
プロパティの追加	103
プロパティの表示／非表示	153
プロパティの復元	106
プロパティの編集／削除	105
平均	164
ページ	18
ページアナリティクス	320
ページ通知設定	323
ページ内の検索／置換	47
ページの移動	22
ページの新規作成	20
ページの開き方	158
ページの複製／削除	23
ページの読み込み制限	155
ページリンク	172
ページをロック	365
編集権限	334
返信	310
ボードビュー	95
ホーム	368
ホームビュー	370
ボタンブロック	247, 248
ポップアップ	159
翻訳	395, 405

ま行

マークダウン	38
マイタスク	369
右端で折り返す	156

見出しブロック	270
未入力をカウント	161, 191
メンション（Webリンク）	168
メンション（ページ）	171
メンション（ユーザー）	322
メンバーの追加（チームスペース）	354
メンバーの追加（ワークスペース）	346
目次ブロック	274
文字色	296, 297, 300
文字数のカウント	241

や行

ユーザープロパティ	115, 136
曜日によって色をつける	232
曜日を表示	233
要約	396, 403, 407
横並び	27
横棒グラフ	147
読み取り権限	334

ら行

ライター	389
リアクション	311
リスト形式	59
リストビュー	96
リマインダー	325
リレーションプロパティ	180, 183
リンクドビュー	124, 126
リング表示	114
リンクを追加	170
累積	149
レイアウトをカスタマイズ	290
列の固定表示	154
列の背景色	287
列ブロック	28
ロールアッププロパティ	186
ロック	365, 366

わ行

ワークスペース	344, 351
ワークスペース検索	45, 46

溝口雅子（まみぞう）

外資系IT企業でエンジニアとして勤務する傍ら、Notionのコミュニティ運営やイベント開催、ブログ「Notionオーガナイズ術」にて情報発信をしている。2021年2月にNotionアンバサダーに就任、2022年2月にNotion認定プログラムを取得。

X:https://x.com/mamizo3

- **お問い合わせについて**

本書の内容に関するご質問は、Webか書面、FAXにて受け付けております。電話によるご質問、および本書に記載されている内容以外の事柄に関するご質問にはお答えできかねます。あらかじめご了承ください。

〒162-0846　東京都新宿区市谷左内町21-13
株式会社技術評論社　書籍編集部
「Notion なんでも事典」質問係
Web：https://book.gihyo.jp/116
FAX：03-3513-6181

なお、ご質問の際に記載いただいた個人情報は、ご質問の返答以外の目的には使用いたしません。また、ご質問の返答後は速やかに破棄させていただきます。

ブックデザイン	喜來詩織（エントツ）
DTP	BUCH⁺
編集	石井亮輔

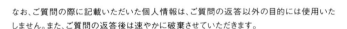

Notion なんでも事典

2025年2月 5日　初版　第1刷発行
2025年5月15日　初版　第2刷発行

著　者	溝口雅子
発行者	片岡　巌
発行所	株式会社技術評論社
	東京都新宿区市谷左内町21-13
	電話　03-3513-6150　販売促進部
	03-3513-6185　書籍編集部
印刷・製本	日経印刷株式会社

©2025　溝口雅子

定価はカバーに表示してあります。本書の一部または全部を著作権法の定める範囲を越え、無断で複写、複製、転載、テープ化、ファイルに落とすことを禁じます。造本には細心の注意を払っておりますが、万一、乱丁（ページの乱れ）や落丁（ページの抜け）がございましたら、小社販売促進部までお送りください。送料小社負担にてお取り替えいたします。

ISBN978-4-297-14651-1　C3055　Printed in Japan